Die Digitalisierungshürde lässt sich Meister(n)

Thomas Knothe · Patrick Gering ·
Sven O. Rimmelspacher · Michael Maier
(Hrsg.)

Die Digitalisierungshürde lässt sich Meister(n)

Erfolgsfaktoren, Werkzeuge und Beispiele für den Mittelstand

Springer Vieweg

Hrsg.
Thomas Knothe
Geschäftsprozess- und Fabrikmanagement
Fraunhofer IPK
Berlin, Deutschland

Patrick Gering
Geschäftsprozess- und Fabrikmanagement
Fraunhofer IPK
Berlin, Deutschland

Sven O. Rimmelspacher
Pickert & Partner GmbH
Pfinztal, Deutschland

Michael Maier
Maier Werkzeugmaschinen GmbH & Co. KG
Wehingen, Deutschland

ISBN 978-3-662-60366-6 ISBN 978-3-662-60367-3 (eBook)
https://doi.org/10.1007/978-3-662-60367-3

Die Deutsche Nationalbibliothek verzeichnet diese Publikation in der Deutschen Nationalbibliografie; detaillierte bibliografische Daten sind im Internet über http://dnb.d-nb.de abrufbar.

Springer Vieweg

Springer Vieweg ist ein Imprint der eingetragenen Gesellschaft Springer-Verlag GmbH, DE und ist ein Teil von Springer Nature.
Die Anschrift der Gesellschaft ist: Heidelberger Platz 3, 14197 Berlin, Germany

Dieses Forschungs- und Entwicklungsprojekt wird mit Mitteln des Bundesministeriums für Bildung und Forschung (BMBF) im Programm „Innovationen für die Produktion, Dienstleistung und Arbeit von morgen“ (Förderkennzeichen 02P14B000) gefördert und vom Projektträger Karlsruhe (PTKA) betreut. Die Verantwortung für den Inhalt dieser Veröffentlichung liegt beim Autor.

BETREUT VOM

PTKA
Projektträger Karlsruhe
Karlsruher Institut für Technologie

GEFÖRDERT VOM

Bundesministerium
für Bildung
und Forschung

Vorwort

JUMP 4.0 steht für die „Mobile Jobeinplanungsunterstützung für den Meister in der Produktion". Ein Konsortium aus kleinen und mittelständischen Unternehmen entwickelte zusammen mit Forschungseinrichtungen Methoden und Werkzeuge zur Beherrschung der Komplexität auf dem betrieblichen Hallenboden. Es blieb nicht nur bei der Technologierealisierung. Die Partner unterzogen einem der erfolgreichsten deutschen Alleinstellungsmerkmale, der „Meisterrolle", ein umfassendes Facelift. In absehbarer Zeit erscheint es als nicht realistisch, komplett intelligent unterstützte Produktionssysteme in der mittelständischen Produktion umzusetzen. Vielmehr geht es in dem vorliegenden Buch um die Verringerung von Einstiegshürden in Industrie 4.0 und darum, wie bestehende Technologien zu mehr Flexibilität und Effizienz führen können.

Das Buch startet mit einer Fiktion, wobei bewusst die Situation eines Unternehmens mit „Papierhintergrund" skizziert wird, welches vor genau den Herausforderungen steht, die symptomatisch für viele kleine Unternehmen in Deutschland sind: höhere Anforderungen an Individualität, was zu nichtvorhergesehenen Komplexitäten führt, sowie das „plötzliche" Aufkommen neuer Marktteilnehmer, deren Alleinstellungsmerkmale eingespielte Geschäftsstrukturen pulverisieren.

Anhand dieser betrieblichen Situationsbeschreibung wird herausgestellt, welche Szenarien am Rollenbild des Meisters im Zuge des digitalen Wandels möglich sind. Hierbei bedankt sich das Konsortium besonders bei Prof. Hirsch-Kreinsen für seinen Beitrag, der insbesondere Gestaltungspfade für die Weiterentwicklung der Meisterrolle aufzeigt. Organisationen können auch in KMU nur wirken in systematisch entwickelten Prozessen. Dazu wird im Folgeabschnitt dargelegt, wie das Prozessmanagement in kleinen und mittleren Unternehmen aufgebaut werden sollte, um den oben genannten Anforderungen an Flexibilität und Effizienz im turbulenten Marktumfeld gerecht zu werden.

Im Hauptteil dieser Broschüre werden die im JUMP-4.0-Projekt entstandenen Lösungen vorgestellt und ihr Wirken zur Unterstützung des Meisters wird erläutert. Das sind:

- Ein einfaches, interaktives Prozessmanagementsystem, welches dem Meister als neuen kreativen Akteur als Werkzeug zur Verfügung steht, um Machbarkeitsbewertung und Einplanung von individuellen Kundenanfragen vom Topfloor auf den Shopfloor zu verlagern sowie zu überwachen. Die resultierende Verkürzung von Antwortzeiten und Lieferfähigkeiten wird einen entscheidenden Beitrag zur Wettbewerbsfähigkeit von KMU im nationalen und internationalen Vergleich leisten.

- Ein Technologiebewertungssystem, um technische Fähigkeiten von KMU hinsichtlich spezifischer Kundenanforderungen zu bewerten und konkrete Bedarfe aufzudecken, sodass Unsicherheiten in Bezug auf Investitionen in Industrie-4.0-Technologien entgegengetreten werden kann. Neue Technologien erfordern angepasste Arbeitsinhalte sowie Arbeitsplätze, die in diesem Projekt ebenfalls adressiert wurden.
- Neue Rollenmuster, die sich maßgeblich aus der Prozessorientierung ergeben. Diese wird durch eine agile Prozessorganisation unterstützt, welche anhand der Prozessbausteine der „Auftrag-bis-Kunde"-Kette auf dem Shopfloor ausgelegt ist. Unter Nutzung einer dynamischen Qualifikationsmatrix wird eine flexible Zuordnung von erforderlichen Ressourcen für die Bearbeitung individueller Aufträge ermöglicht. Diese soll durch eine Gap-Analyse der derzeitigen Mitarbeiterprofile zu Ausprägungsvarianten des Prozessmanagements und Technologieoptionen die kurz- und langfristige Planung von Qualifikationsmaßnahmen im Industrie-4.0-Umfeld vereinfachen.
- Ein Leitfaden unterstützt bei der Einführung und Umsetzung der eigenen Industrie-4.0-Lösung, sodass Industrie-4.0-Elemente systematisch etabliert werden können.
- Abgerundet werden die Darstellungen der Technologien mit den Erfahrungen der Unternehmen aus der Anwendung. Neben den Darstellungen des Nutzens der Lösungskomponenten für den Geschäftserfolg wird einerseits auf die spezifischen Besonderheiten der Unternehmen Wert gelegt, andererseits werden auch die bestehenden Kritikpunkte an Werkzeugen und Methoden herausgestellt. Diese sind aus zwei Gründen wichtig: Eine erfolgreiche digitale Transformation braucht gerade in KMU eine offene Fehlerkultur und darüber hinaus soll auch der Leser davon lernen.

Diese Broschüre soll KMU helfen, den Spagat zwischen der für die Digitalisierung erforderlichen Standardisierung und der Verbesserung der Fähigkeit zu individualisierten Produkten und Prozessen zu meistern. Dazu wird dargestellt, wie die Rolle des Meisters dazu verändert werden muss, um diese Transformation erfolgreich durchführen zu können.

Das Konsortium JUMP 4.0 besteht aus dem Fraunhofer-Institut für Produktionsanlagen und Konstruktionstechnik, dem Institut für Arbeitswissenschaft und Technologiemanagement (IAT) der Universität Stuttgart, der TU Dresden mit der Professur Prozesskommunikation der Fakultät Informatik (Institut für Angewandte Informatik) und der PI Informatik GmbH sowie den Anwendungspartnern budatec GmbH, Maier Machines und cirp GmbH sowie Pickert & Partner GmbH und KSB SE & Co. KGaA.

Das Projekt wurde gefördert durch die Initiative „Industrie 4.0 – Forschung auf dem betrieblichen Hallenboden" des Bundesministeriums für Bildung und Forschung unter Begleitung des Projektträgers PTKA am KIT Karlsruhe.

Hinweise

Auf unserer Website www.jump40.de stellen wir zusätzliches Material und Wissen zur Verfügung. Dies sind unter anderem der Download des aktiven Leitfadens und Ergänzungen zum Buch.

Weiterführende Literaturhinweise und Links finden Sie im Literaturverzeichnis am Ende jedes Kapitels.

Auch wenn aus Gründen der Lesbarkeit bei Personenbezeichnungen häufig nur die männliche Form verwendet wurde, beziehen sich die Angaben in der Regel auf verschiedene Geschlechter. Die männliche Bezeichnung ist daher als geschlechtsneutral zu verstehen.

Inhaltsverzeichnis

Herausgeber- und Autorenverzeichnis

Über die Herausgeber

© Fraunhofer IPK

Dr.-Ing. Thomas Knothe, geb. am 21.01.1971 in Cottbus, studierte an der TU Berlin Informationstechnik im Maschinenwesen und promovierte 2011 an der gleichen Universität. Seit 1994 arbeitet er am Fraunhofer Institut für Produktionsanlagen und Konstruktionstechnik, seit 2010 ist er als Abteilungsleiter verantwortlich für das Geschäftsprozess- und Fabrikmanagement. Thomas Knothe leitete zahlreiche Industrie- und Forschungsprojekte und entwickelte modellbasierte Lösungen z. B. für die Selbstorganisation von Wartung und Instandsetzung von Verkehrssystemen oder für die modulare Shopfloor IT. Er arbeitet in der Standardisierung als deutscher Vertreter bei der ISO, lehrte an mehreren Universitäten und Fachhochschulen und ist Honorarprofessor an der TH Wildau.

Patrick Gering, 1984 geboren, studierte Wirtschaftsingenieurwesen mit der Fachrichtung Informations- und Kommunikationssysteme an der TU Berlin. Seit 2009 ist er am Fraunhofer Institut für Produktionsanlagen und Konstruktionstechnik in der Abteilung Geschäftsprozess- und Fabrikmanagement tätig. Neben dem im Buch vorgestellten Projekt JUMP 4.0 leitete er als wissenschaftlicher Mitarbeiter am IPK sowohl Industrie- als auch Forschungsprojekte. Zur gleichen Zeit verantwortet er die Entwicklung einer modellbasierten Prozessmanagementlösung, den Prozessassistent.

Sven O. Rimmelspacher, Jahrgang 1968, ist verheiratet, Vater einer erwachsenen Tochter und lebt an der Südlichen Weinstraße. Er ist geschäftsführender Gesellschafter der Pickert & Partner GmbH (pickert.de) und seit 1992 im Unternehmen. Anfangs als Entwickler, später als Projektleiter und technischer Leiter.

Seit 2006 ist Rimmelspacher Gesellschafter und Geschäftsführer des Unternehmens. Zur gleichen Zeit übernahm er die Leitung von Vertrieb und Marketing.

Seit 2009 ist er Mehrheitsgesellschafter und vorwiegend für Unternehmensentwicklung und -strategie, Forschung und Innovation verantwortlich.

Michael Maier, wurde am 15. Oktober 1968 in Wehingen geboren. In der Zeit von 1986 bis 1990 absolvierte er bei der Traub AG eine Ausbildung zum Maschinenbau Mechaniker und Elektroniker. Danach arbeitete er zwei Jahre lang in Großbritannien bei derselben Firma im Bereich der flexiblen Handhabungssysteme. Von 1992 bis 2008 war er technischer Leiter der Firma Herbert Maier. Parallel dazu absolvierte Maier einen Fernstudiengang in Betriebswirtschaft. Seit 2008 ist Michael Maier geschäftsführender Gesellschafter der Firma Maier Werkzeugmaschinen GmbH & Co. KG.

Neben seiner Leidenschaft für Drehmaschinen interessiert sich Michael Maier auch für Skifahren und Motorsport.

Autorenverzeichnis

Jan Batzer Fraunhofer-Institut für Produktionsanlagen und Konstruktionstechnik IPK, Geschäftsprozess- und Fabrikmanagement, Berlin, Deutschland

Dirk Buße Geschäftsführer; budatec GmbH, Berlin, Deutschland

Erdem Gelec Fraunhofer-Institut für Arbeitswirtschaft und Organisation IAO, Stuttgart, Deutschland

Patrick Gering Fraunhofer-Institut für Produktionsanlagen und Konstruktionstechnik IPK, Geschäftsprozess- und Fabrikmanagement, Berlin, Deutschland

Hartmut Hirsch-Kreinsen Technische Universität Dortmund, Dortmund, Deutschland

Marco Kayser Institut für Arbeitswissenschaften und Technologiemanagement IAT, Universität Stuttgart, Stuttgart, Deutschland

Thomas Knothe Fraunhofer-Institut für Produktionsanlagen und Konstruktionstechnik IPK, Geschäftsprozess- und Fabrikmanagement, Berlin, Deutschland

Andreas Kühl Global Executive Officer; Corporate Unit Research, Technology, Complexity; KSB SE & Co. KGaA, Frankenthal, Deutschland

Anne Lemcke PI Informatik GmbH, Berlin, Deutschland

Thomas Lück Leiter Vertrieb und Innovation; cirp GmbH, Heimsheim, Deutschland

Michael Maier Geschäftsführer; Maier Werkzeugmaschinenbau GmbH & Co. KG, Wehingen, Deutschland

Nicole Oertwig Fraunhofer-Institut für Produktionsanlagen und Konstruktionstechnik IPK, Geschäftsprozess- und Fabrikmanagement, Berlin, Deutschland

Sven O. Rimmelspacher Geschäftsführer, Pickert & Partner GmbH, Pfinztal, Deutschland

Benjamin Schneider Institut für Arbeitswissenschaften und Technologiemanagement IAT, Universität Stuttgart, Stuttgart, Deutschland

Julia-Anne Scholz Fraunhofer-Institut für Produktionsanlagen und Konstruktionstechnik IPK, Geschäftsprozess- und Fabrikmanagement, Berlin, Deutschland

Monique Schumann Fraunhofer-Institut für Produktionsanlagen und Konstruktionstechnik IPK, Geschäftsprozess- und Fabrikmanagement, Berlin, Deutschland

Hartmut Schweizer Institut für Angewandte Informatik, Technische Universität Dresden, Fakultät Informatik, Dresden, Deutschland

Frank Wagner Fraunhofer-Institut für Arbeitswirtschaft und Organisation IAO, Stuttgart, Deutschland

Liza Wohlfart Fraunhofer-Institut für Arbeitswirtschaft und Organisation IAO, Stuttgart, Deutschland

Abkürzungsverzeichnis

AutomationML	Automation Markup Language
B2MML	Business To Manufacturing Markup Language
CAD	Computer-Aided Design
CMS	Content-Management-System
CRM	Customer-Relationship-Management
CSUQ	Computer System Usability Questionnaire
DIN	Deutsches Institut für Normung
EN	Europäische Norm
ERP	Enterprise Ressource Planning
F&E	Forschung und Entwicklung
FEM	Finite Element Method
FMEA	Failure Mode and Effects Analysis
GMP	Good Manufacturing Practice
IEC	International Electrotechnical Commission
IIoT	Industrial Internet of Things
IoT	Internet of Things
ISO	Internationale Organisation für Normung
IUM	Integrierte Unternehmensmodellierung
JUMP 4.0	Mobile Jobeinplanungsunterstützung für den Meister in der Produktion
KMU	Kleine und mittlere Unternehmen
KPI	Key Performance Indicator
LZDV	Leistungszentrum Digitale Vernetzung
MES	Manufacturing Execution System
MO^2GO	Methode zur objektorientierten Geschäftsprozessmodellierung
MQTT	Message Queuing Telemetry Transport
OEE	Overall Equipment Effectiveness
OPC UA	Open Platform Communications Unified Architecture
PLM	Product Lifecycle Management
SCADA	Supervisory Control and Data Acquisition
SPS	Speicherprogrammierbare Steuerung

STEEP	Societal, Technological, Economical, Environmental, Political
SWOT	Strengths, Weaknesses, Opportunities, Threats
TCO	Total Cost of Ownership
VDI	Verein Deutscher Ingenieure
VDMA	Verband Deutscher Maschinen- und Anlagenbau
XSLT	Extensible Stylesheet Language Transformation

Firma Klappdekelen – die Digitalisierungshürde lässt sich „Meister(n)“

1

Monique Schumann

Denise wacht nachts schweißgebadet auf. Schon seit Wochen kann sie nicht mehr gut schlafen, da ihre Firma schon seit Längerem nicht mehr so erfolgreich ist wie noch vor einigen Jahren. Das Kerngeschäft ihres KMUs Klappdekelen ist die Produktion von kleinformatigen Druckdienstleistungen, vor allem Briefumschlägen, mit Sitz in Potsdam. Sie beschäftigt zwanzig Mitarbeiter, darunter drei in der Buchhaltung/im Einkauf, eine Assistenz der Geschäftsführung, einen Meister, zwei Mitarbeiter arbeiten im Vertrieb, zwei Auszubildende, welche alle Abteilungen nach und nach durchlaufen, sechs Produktionsmitarbeiter, zwei Designer und ein Mitarbeiter an der Rezeption.

Der Umsatz beläuft sich auf 1.200.000 EUR im Jahr. Von einem gleichbleibenden Umsatz ist jedoch nicht mehr die Rede. E-Mail und Newsletter lassen die Nachfrage nach Briefumschlägen und somit den Umsatz von Jahr zu Jahr sinken. Im letzten Jahr hatte sie Einbußen von 30 % ihres Umsatzes aufgrund der genannten Probleme.

Um ihren Marktwert zu steigern, möchte sie, so wie es bereits viele Konkurrenten machen, hochindividualisierte Briefumschläge, Einladungskarten und Karten für andere Feierlichkeiten mit in ihre Produktpalette aufnehmen und diese trotzdem zu Massenproduktionspreisen herstellen. Die Konkurrenz ist groß, da produzierte Briefumschläge einfach per Post versendet werden können oder die Möglichkeit der individualisierten Briefumschläge einfach online abgewickelt werden kann.

Es werden im Monat zwischen 100.000 und 500.000 Briefumschläge produziert, und die Dauer eines Auftrages beläuft sich bei mittlerer Auftragslage auf einen Monat, bis der Kunde seine Briefumschläge in den Händen hält. Kunden erwarten heutzutage jedoch eine Lieferung innerhalb von drei Tagen. Denise schafft es auch, bereits innerhalb eines Tages

M. Schumann (✉)
Fraunhofer-Institut für Produktionsanlagen und Konstruktionstechnik IPK, Geschäftsprozess- und Fabrikmanagement, Berlin, Deutschland

T. Knothe et al. (Hrsg.), *Die Digitalisierungshürde lässt sich Meister(n)*,
https://doi.org/10.1007/978-3-662-60367-3_1

auf einen Auftrag zu reagieren, aber im Gegensatz zu größeren Unternehmen hat Denise eine viel kleinere Produktionskapazität, und es kommt daher immer wieder zu Lieferverzögerungen. Technisch sind ihre Druckmaschinen dazu fähig, Aufträge schnell abwickeln zu können. Um ihre Kunden besser an sich zu binden, sieht sie sich gezwungen, deshalb noch mehr auf individuelle Kundenwünsche einzugehen. Jedoch sind für sie die Produktionskosten einfach zu hoch, und individuelle Wünsche lassen die Produktion stoppen. Es fehlen ein Überblick über die Produktion und ein Tool zur Übersicht der Mitarbeiterkompetenzen, damit kompetenter reagiert werden kann. Bisher ist dies ein Verwaltungschaos. Denise übernimmt als Geschäftsführerin in der Produktion viel selbst, weiß jedoch nicht mehr als der Meister. Es fehlt insgesamt an Transparenz. Die Abläufe und Strukturen in der Firma sind teilweise sehr unstrukturiert und es herrscht ein Abteilungsdenken.

Die bisherige Zusammenarbeit mit Digital- und Werbeagenturen lief zwar immer gut, jedoch verzeichnet Denise Einnahmebußen, da sie aufgrund ihres Geschäftsmodells nicht direkt mit Auftraggebern arbeiten kann.

Wie viele mittelständische Unternehmen steht auch Denise vor großen Herausforderungen im Zusammenhang mit Industrie 4.0. Ihr macht die stetig voranschreitende Digitalisierung zu schaffen. Sie hat das Gefühl, den Anschluss zu verlieren. Nach den jahrelangen Erfahrungen, die Denise in der Branche gesammelt hat, den ständigen Versuchen, neue Kunden anzulocken oder neue Systematiken im Unternehmen einzuführen, war ihr bewusst, dass es schwer wird, die Digitalisierung so zu gestalten, wie sie sich das vorstellt. Um weiterhin erfolgreich ihr Unternehmen führen zu können und vor allem den Mitarbeitern weiterhin einen Arbeitsplatz anbieten zu können, muss eine standfeste Zukunftsplanung her. Die Zukunftsvision von Denise ist ein Team, welches zu jeder Zeit zielgerichtet und strukturiert zusammenarbeiten kann, ein digital aufgestelltes Unternehmen, welches auf kundenindividuelle Aufträge schnell und ohne Produktionspausen reagieren kann, sowie ein neues Geschäftsmodell mit einer vielfältigen Produktpalette. Um ihrem Selbstverständnis und dem ihrer Kunden besser gerecht zu werden, soll die Produktion noch $C0_2$-ausstoßärmer werden. Bisher verwendet Denise ausschließlich wasserlösliche Leime und Infrarottrocknung zur Reduzierung des Stromverbrauchs.

Sie fragt sich, wie sie alles umsetzen soll. Insbesondere da ihr Budget limitiert ist und ihr auch die Erfahrung fehlt, um ihre Unternehmensstrukturen für die Digitalisierung zu gestalten und ein für sie passendes Informationssystem zu integrieren. Sie befürchtet zudem, ihre langjährigen Mitarbeiter mit einem komplexen System aus Hard- und Software zu überfordern. Leicht verständliche Werkzeuge, die alle Anforderungen abdecken, wären die perfekte Lösung für Denise.

Dieser Transformationsprozess kann mithilfe einer Software für den Meister unterstützt werden, welche durch das Projekt JUMP 4.0 entwickelt wurde. Zudem können neue Anforderungen an die Mitarbeiter durch die Techniken einer Qualifikationsmatrix evaluiert, das Prozessmanagement optimiert sowie die zukünftigen Entwicklungen der Arbeit in Industrie 4.0 mithilfe der Szenariotechnik herausgebildet werden. Analysewerkzeuge helfen dabei, neu aufkommende Technologien bewerten zu können und sicher mit den Möglichkeiten am Markt Schritt halten zu können.

2 Einordnung

Hartmut Hirsch-Kreinsen, Monique Schumann, Julia-Anne Scholz,
Jan Batzer und Patrick Gering

Im Folgenden wird eine Einordnung der Inhalte des JUMP-4.0-Projekts vorgenommen. Dazu werden zunächst der Begriff des Meisters sowie seine Aufgaben und Funktionen näher definiert. Im Anschluss wird der historische Hintergrund der Rolle des Meisters aufgezeigt sowie ein Blick auf die voranschreitende Flexibilisierung der Produktion seit den 1970er-Jahren geworfen, dem Anfang der dritten industriellen Revolution. Abschließend wird die Ausgangslage sowie das Vorgehen innerhalb des JUMP-4.0-Projekts vorgestellt.

2.1 Definition des Meisterbegriffs

Hartmut Hirsch-Kreinsen

Einer formalen Definition folgend ist der Industriemeister „eine berufserfahrene, industriell-technische Führungskraft mit erweiterten und vertieften Kenntnissen der betrieblichen und betriebswirtschaftlichen Zusammenhänge, ein fachlich kompetenter Werkstattleiter mit Personalverantwortung, ein Koordinator für den reibungslosen Ablauf der Produktion und die Qualität der Produkte, ein Mittler zwischen Betriebsleitung und seinen Mitarbeitern, ein betrieblicher Vorgesetzter mit besonderer Verantwortung für den Arbeitsschutz und die Unfallverhütung“ [4].

H. Hirsch-Kreinsen (✉)
Technische Universität Dortmund, Dortmund, Deutschland

M. Schumann · J.-A. Scholz · J. Batzer · P. Gering
Fraunhofer-Institut für Produktionsanlagen und Konstruktionstechnik IPK, Geschäftsprozess- und Fabrikmanagement, Berlin, Deutschland

T. Knothe et al. (Hrsg.), *Die Digitalisierungshürde lässt sich Meister(n)*,
https://doi.org/10.1007/978-3-662-60367-3_2

Soziologischer formuliert, umfasst die Meisterrolle traditionell folgende zentrale Aufgabenkomplexe (z. B. [1, 2]):

- zum ersten Aufgaben und Funktionen, die für die Gewährleistung des technisch-organisatorischen Ablaufs im engeren Sinne erforderlich sind
- zum zweiten Leitungsfunktionen, die sich auf Fragen der Personalführung, Steuerung des Personaleinsatzes, Schichtregelungen, Urlaubsplanung oder auch Qualifizierungserfordernisse richten
- zum dritten die soziale Funktion der Vermittlung zwischen Managementvorgaben einerseits und der operativen Ebene seiner Mitarbeiter andererseits, die erbracht werden muss, um Arbeitsvorgaben durchzusetzen und die unverzichtbare Kooperation der Belegschaften kontinuierlich sicherzustellen

Diese Vermittlungsfunktion, oftmals mit Stichworten wie „Sandwichposition", „Prellbock" oder „Kupplungsscheibe" umschrieben, zielt darauf, das betriebliche System der Hierarchie geschmeidig zu halten. Anders formuliert, eine zentrale Funktion des Meisters ist es, bei der Durchsetzung der Unternehmensziele die Feinabstimmung mit den Interessen und Ansprüchen der betroffenen Beschäftigten zu gewährleisten und dadurch soziale Reibungsverluste möglichst zu vermeiden.

2.2 Ein Rückblick – die Historie des Meister-Geselle-Konzepts

Monique Schumann

In der vorindustriellen Gesellschaft war das Handwerk die traditionelle Form der Produktion. Die Arbeitsbeziehungen zwischen Meister, Lehrling und Gesellen waren in den familiären und sozialen Beziehungen des Meisterhaushaltes eingebettet. Es bestand keine Trennung zwischen Sachvermögen und Persönlichem. Innerhalb der sozialen Beziehungen im Meisterhaushalt galt Nahrung als der „Lohn" für Lehrlinge und Gesellen [15].

Die Zunft – der berufsgenossenschaftliche Verband – entwickelte sich in Deutschland im 12. Jahrhundert. Der städtische Handwerker produzierte für den Markt und war durch die Zunft geschützt. Der dörfliche Handwerker hingegen war frei und produzierte fernab vom Markt. Die soziale Distanz zwischen Meister und Gesellen wurde in den zünftischen Handwerken mit der Zeit größer, da die Zünfte die Arbeitsbedingungen einseitig festlegten. Seit dem 13./14. Jahrhundert sank die Chance der Gesellen, einmal Meister zu werden, und so stiegen die sozialen Konflikte in den Zünften. Im Gegensatz dazu blieb bis zum 19. Jahrhundert die soziale Distanz in den zunftlosen Handwerken zwischen Meister und Gesellen gering [15].

Der Handel, die Auflösung der handwerklichen Beziehungen sowie die soziale Differenzierung unter den Meistern förderten die Kommerzialisierung der Produktion seit dem 14. Jahrhundert [15].

Die Rolle des Meisters im Industriebetrieb bestand damals darin, eigene Ideen für Produkte zu planen, die Produktion zu organisieren, die Arbeit der Gesellen zu koordinieren und die Lehrlinge anzuweisen. Insgesamt erforderte das damalige Berufsideal des Meisters eine große Breite an sozialen und fachlichen Kompetenzen [7].

Die Kontrolle über die Produktion und die Arbeiter lag im 19. Jahrhundert nicht beim Unternehmer, sondern beim Meister. Aufgrund von entstehenden Innovationen und dem Verlangen der vollen Kontrolle der Produktion wurde den Fertigkeiten und Fähigkeiten der Arbeiter immer weniger abverlangt, und die Folge daraus war eine Veränderung der Betriebsorganisation und der Beziehung der Arbeiter untereinander. Die bisherige traditionelle Arbeitseinteilung und -durchführung durch die Arbeiter kam nicht mehr dem Interesse der Unternehmer nach. Die Maschinen sollten so produktiv wie möglich genutzt werden, und das Betriebsergebnis sollte den Vorstellungen der Unternehmer entsprechen. Mit dem Taylorismus wurden Zeit und Aufgaben vorgegeben, und der Meister musste die Einhaltung dieser Vorgaben überwachen. Somit wurde der Meister durch einen Funktionsmeister ersetzt und war von nun an nicht mehr für alle Dimensionen der Werkstatt zuständig [7].

Jaeger definierte im Jahr 1997 den Meister als Repräsentant von Fach- und Erfahrungswissen. Zudem versteht er seine Mitarbeiter, spricht deren Sprache, kennt ihr soziales Umfeld und vermittelt zwischen Management und Arbeitern. Zusammengefasst sind das Fachwissen, die Führungsfähigkeit, die Personalkenntnis sowie das Improvisationstalent die Kernelemente eines Meisters. Er ist dafür zuständig, eine immer wieder neue, lernfreundliche Unternehmenskultur zu schaffen mit Werten, die er selbst vertritt und den Mitarbeitern vorlebt. Eine Atmosphäre für soziale Lernprozesse muss geschaffen und betreut werden und die dadurch geschaffenen Ergebnisse müssen in das Unternehmen übertragen werden [11].

2.3 Flexibilität in der Produktion – ein alter Hut

Julia-Anne Scholz und Jan Batzer

Denise als Geschäftsführerin möchte die Prozesse und Strukturen in ihrer Firma Klappdekelen transparent erfassen können und ihre Mitarbeiter dazu befähigen, ihre Kompetenzen gezielt einsetzen zu können. Gleichzeitig will sie schnell und zuverlässig auf kundenindividuelle Aufträge reagieren können, ohne dabei die Produktion unterbrechen zu müssen sowie die Produktionskosten in die Höhe zu treiben. Kurz gesagt möchte Denise Flexibilität in ihrem Unternehmen realisieren. Dabei beschreibt Flexibilität die Fähigkeit eines Produktionssystems, sich unter geringem finanziellem Aufwand innerhalb festgelegter Grenzen schnell an veränderte Bedingungen anzupassen [17]. Der Flexibilitätsbegriff kann in operative, taktische und strategische Flexibilität unterteilt werden. Die operative Flexibilität spielt bei kurzfristigen Nachfrageschwankungen, Störungen und Knappheit von Inputfaktoren eine Rolle. Taktische Flexibilität ist bei mittelfristigen Veränderungen relevant, wie z. B. Produktänderungen, andauernden Nachfrageschwankungen und Marktunvollkommenheiten. Die strategische Flexibilität dient der langfristigen Erfolgssicherung, indem auf Anforderungsänderungen des Unternehmensumfeldes reagiert wird [12].

Flexibilität in der Produktion ist ein entscheidender Faktor für ein Unternehmen, und dies nicht erst seit heute. In den 1970er-Jahren begann mit der dritten industriellen Revolution der Einsatz von Elektronik sowie Informations- und Kommunikationstechnologie. Dies bewirkte eine voranschreitende Automatisierung und variantenreiche Serienproduktion [18]. Aufgrund der Entwicklung der numerischen Steuerungstechnik wurde der Funktionsumfang von Werkzeugmaschinen erweitert. Bearbeitungszentren mit integrierter Werkzeugwahl, automatischem Werkzeugwechsel sowie Werkstückwechsel etablierten sich. Mit der Entwicklung von numerisch gesteuerten Handhabungsautomaten war man dem Wunsch nach einem flexiblen Fertigungssystem einen Schritt näher [20]. Die erste flexible Transferstraße, eine Verkettung von numerisch gesteuerten Einzelmaschinen, gab es bereits Mitte der 1960er-Jahre [20]. Seit den 1970er-Jahren gab es dann flexible Fertigungssysteme, bei denen Einzelwerkzeugmaschinen als Teil des Fertigungssystems in den Material- und Informationsfluss integriert wurden [10]. Eine weitere Entwicklung gab es Ende der 1970er-Jahre, als vollgekapselte Bearbeitungseinheiten mit integrierten Versorgungseinrichtungen zu Fertigungszellen kombiniert wurden, sowie durch die rechnergestützte numerische Steuerung (CNC) [20].

Im Laufe der Zeit gab es viele Methoden und Maßnahmen, welche die Flexibilisierung der Produktion in den unterschiedlichen Gestaltungsfeldern zum Ziel hatten. In Bezug auf die Organisation eines Unternehmens sind dies bspw. Segmentierung, 5S-Methode, Total Quality Management und Dezentralisierung sowie Auditierung, Konsignationslager, Lieferanten- und Kundenintegration oder auch Benchmarking und Kanban. Hinsichtlich der Mitarbeiter gibt es die Flexibilisierungsmaßnahmen Poka Yoke, Gruppenarbeit und flexible Arbeitszeitmodelle sowie Job Rotation, Job Enrichment und Job Enlargement, um einige zu nennen. Prozesse können durch das Null-Puffer-Prinzip, Standardisierung, One-Piece-Flow und Simultaneous Engineering flexibel gestaltet werden. Auch die Produkte eines Unternehmens können durch Maßnahmen wie Just-in-time, 0-Fehler-Produktion und Supermarktprinzip sowie Outsourcing, Multiple Sourcing und Kooperationen für eine flexiblere Produktion angepasst werden [8].

Nach der Jahrtausendwende entwickelte sich der Ansatz, noch einen Schritt weiter zu gehen, als es die Flexibilisierung der Produktion macht. Wandlungsfähigkeit beschreibt dabei die Fähigkeit eines Produktionssystems, sich schnell an veränderte Bedingungen anzupassen, indem es seine technologische, organisatorische, logistische und personelle Struktur über die Grenzen der Flexibilität hinaus ändert. Das heißt, man ist in der Lage, reaktiv sowie proaktiv auf Veränderungen zu reagieren, die bei der Planung des Produktionssystems nicht abzusehen waren [13, 17]. Um diese Wandlungsfähigkeit zu erreichen, sollten fünf spezifische Fähigkeiten ausgeprägt sein. Das Produktionssystem soll universell sein, d. h. für verschiedene Anforderungen hinsichtlich Produkt oder Technologie dimensioniert und gestaltet werden können. Mobilität dient der örtlich uneingeschränkten Beweglichkeit der Objekte einer Produktion. Die Möglichkeit zur technischen, räumlichen und personellen Erweiterbarkeit sowie Reduzierbarkeit wird als Skalierbarkeit bezeichnet. Modularität wird durch standardisierte Einheiten und Elemente realisiert. Zuletzt sorgt die Kompatibilität für die Vernetzungsfähigkeit hinsichtlich Material, Information, Medien und Energie [9, 21].

Eine andere Möglichkeit zur Flexibilisierung der Produktion waren der Einsatz und die Weiterentwicklung von Softwaresystemen. Mit deren Hilfe konnten aufwendige Planungstätigkeiten durchgeführt sowie Produktionsanlagen gesteuert werden. Die ersten Produktionsplanungs- und -steuerungssysteme (PPS-Systeme) oder auch Material-Requirements-Planning-Systeme (MRS-Systeme) wurden in den 1960er-Jahren für die Materialbedarfsplanung eingesetzt [14]. Darauf aufbauend wurde das Manufacturing Resource Planning (MRP II) für eine marktorientierte sowie ressourcenorientierte Planung von Absatz-, Produktions- und Bestandsmengen verwendet, unter Berücksichtigung der verfügbaren Kapazitäten [14]. Den nächsten Schritt in der Entwicklung stellt das Enterprise-Resource-Planning-System (ERP-System) dar. Alle wichtigen Bereiche und Ressourcen werden dabei in die Planung einbezogen, sowohl die Produktionsplanung und -steuerung als auch Bereiche, die nicht direkt mit der Produktion zusammenhängen [14]. Neben den planerischen Tätigkeiten wurden auch die Steuerungs- und Kontrollaufgaben in der Produktion von Softwarekomponenten unterstützt. Seit Anfang des 21. Jahrhunderts werden sogenannte Manufacturing Execution Systems (MES) eingesetzt, die neben der Planung der Produktion auch die Fertigungssteuerung, Qualitätssicherung und Maschinendatenerfassung beinhalten. Des Weiteren werden Softwaresysteme für das Supply Chain Management (SCM) verwendet, womit eine Abstimmung der Produktionsplanung mit allen Beteiligten der gesamten Lieferkette erreicht wird [14].

Die Verknüpfung der Produktion mit Informations- und Kommunikationstechnologie ist inzwischen so weit vorangeschritten, dass wir von der vierten industriellen Revolution sprechen. Das vorherrschende Thema lautet Industrie 4.0, die intelligente Vernetzung von Maschinen und Prozessen. Das Internet der Dinge, Maschine-zu-Maschine-Kommunikation sowie intelligente Produktionsstätten führen zu einer Digitalisierung der Produktion [3]. Für KMU stellt sich dabei die Frage, ob eine Industrie-4.0-Lösung überhaupt umsetzbar ist. Wie erreicht man die heute geforderte Flexibilität in der Produktion im Zeitalter der vierten industriellen Revolution?

2.4 Grundidee des JUMP-4.0-Projektes

Patrick Gering

Die Umsetzung einer intelligenten Fabrikstruktur für den Mittelstand erscheint mit den derzeitigen Mitteln und Ansätzen unrealistisch, obwohl bei den entsprechenden Unternehmen ein enormer Bedarf ersichtlich ist. Die Meinung, eine komplexe MES-Lösung ist die Grundvoraussetzung für Industrie 4.0, ist weitverbreitet. Aktuelle Untersuchungen schlagen gar zusätzliche Erweiterungen vor, die mit einer weiteren Komplexitätssteigerung einhergehen [16]. Schon heute birgt die Einführung solcher Systeme große finanzielle und organisatorische Herausforderungen, denen vor allem KMU nicht gewachsen sind. Vor dem Hintergrund der Anforderungen der Anwender von JUMP 4.0 fehlt den MES-Systemen die Fähigkeit, die vernetzten Prozesse auf dem Hallenboden zu beherrschen sowie mit unvorhergesehenen Änderungen (z. B. schnelle Auswärtsvergabe) umzugehen.

Weiterhin sind heutige MES-Konzepte nicht dafür geeignet, das Engineering, die direkte kundenauftragsindividuelle Konfiguration von Maschinen und Anlagen sowie das Routing für komplexe Prozessnetze zu unterstützen. Zwar existieren Ansätze zur Sicherstellung von Interoperabilitätsstandards für die Automatisierungstechnik, welche die Kommunikation zwischen Maschinen und IT-Systemen verschiedener Hersteller gewährleisten sollen, wie bspw. OPC UA, jedoch können diese Schnittstellenstandards nicht die Planung der Fertigungsabläufe und Prozesse unterstützen. Heutige Prozessmanagementsysteme wie z. B. ARIS [19] oder MO^{2}GO [6] sind in der Lage, die vernetzte Prozesskomplexität zu beherrschen. Deren Anwendung liegt jedoch im Management und nur partiell auf dem Hallenboden [5]. Aus diesem Grund hat sich das KMU-Konsortium „JUMP 4.0" zum Ziel gesetzt, die Hürde für eine Beteiligung an der vierten industriellen Revolution auf ein Mindestmaß herabzusetzen und den Meister in den Mittelpunkt der Lösungsentwicklung zu stellen. Als Vertreter des deutschen Mittelstands wurden vier Unternehmen und deren spezifische Gegebenheiten sowie Anforderungen betrachtet (siehe Abb. 2.1).

Abb. 2.1 Anwendungspartner

Zu Beginn des Projektes wurden zunächst die Anwendungsbeispiele unter Berücksichtigung unterschiedlicher branchenspezifischer Gegebenheiten in der Form von Unternehmensmodellen abgebildet. Jedes Beispiel beinhaltet die Herausforderungen aus industrieller und geschäftlicher Sicht, die formalen Beschreibungen der erforderlichen Objekte und Rollen sowie deren Veränderungen durch Umsetzung der zu entwickelnden Technologien, die Anforderungen an Methoden, Systeme und Qualifikationen sowie eine Analyse zum Einfluss der Methoden auf Geschäftsprozesse und Wirtschaftlichkeit der Unternehmen. Im Unternehmensmodell sind zudem IT-Systeme und deren Funktionen entlang der exemplarisch ausgewählten Prozesse abgebildet.

Um den Meister in den Mittelpunkt der Lösung zu stellen, wurde ein interaktives Prozessmanagementsystem entwickelt, der JUMP Planner. Er baut auf dem Erfahrungswissen dieser Rolle auf und nutzt es in Form einer Softwarelösung, um Prozesse einzuplanen, abzusichern und Entscheidungen auf dem Shopfloor zu unterstützen. Hierzu sind sowohl Qualifikations- als auch Usabilityaspekte betrachtet worden, die beim Transfer von Aufgaben vom Topfloor in den Shopfloor berücksichtigt werden müssen. Der JUMP Planner dient als Lösungsbaustein für die Integration der Auslegung von Kundenanforderungen sowie Einsteuerung und Überwachung von individuellen Kundenaufträgen durch den Meister als neuen kreativen Akteur.

Bei der Gestaltung von Arbeit in der Transformation der KMU zu Industrie-4.0-Betrieben wurden humane und wirtschaftliche Ziele gleichermaßen berücksichtigt, um die Mitarbeiter für ihre neuen Rollen und Aufgaben zu befähigen. Die arbeitswissenschaftliche Begleitung bezieht sich auf die Analyse, die Verbesserung und das Management der Prozesse zur Leistungserstellung. Ausgehend von der Prozessorientierung wurden neue Formen der Prozessorganisation und geeignete Rollenmuster definiert, die speziell die zukünftige Rolle des Meisters beschreiben.

Des Weiteren wurde ein dynamisches Bewertungssystem für Industrie-4.0-relevante Technologien entwickelt, um technische Fähigkeiten von KMU hinsichtlich spezifischer Kundenanforderungen zu bewerten sowie konkrete Bedarfe aufzudecken. Unsicherheiten in Bezug auf Investitionen in Industrie-4.0-Technologien kann so entgegengetreten werden. Zudem wurden in diesem Projekt ebenfalls neue Technologien adressiert, die angepasste Arbeitsinhalte sowie Arbeitsplätze erfordern. In Abb. 2.2 wird das JUMP-4.0-Gesamtsystem dargestellt.

Die Projektergebnisse sind als Lösungsmuster und Umsetzungskonzepte in Form eines interaktiven modellbasierten Leitfadens in einer Onlineanwendung veröffentlicht worden, um eine möglichst breite Anwendung zu ermöglichen. Auf diese Weise wird den KMU eine optimale und individuelle Roadmap für die Realisierung zur Verfügung gestellt, mit der sie die bestmöglichen Technologien auswählen und eine geeignete Arbeitsorganisation aufbauen können. Das Projekt JUMP 4.0 diente zur Erforschung von Maßnahmen, um die hohen Einstiegshürden für KMU auf dem Weg in die Industrie 4.0 zu verringern.

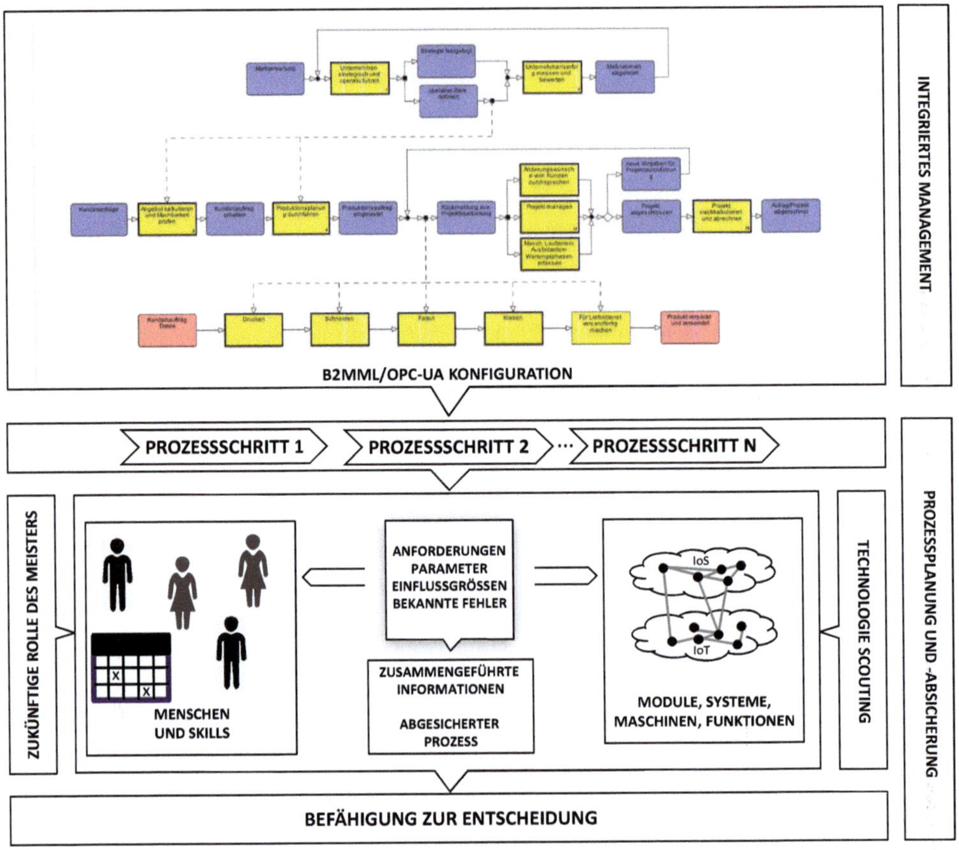

Abb. 2.2 JUMP-4.0-Gesamtsystem

Literatur

1. Antoni CH (1994) Betriebliche Führungsstruktur im Wandel. Zur Rolle und Funktion von Meistern und Gruppensprechern im Rahmen von Gruppenarbeit. In: Antoni CH (Hrsg) Gruppenarbeit in Unternehmen. Konzepte, Erfahrungen, Perspektiven. Beltz, Weinheim, S 115–138
2. Behrens M, Hardwig T, Kädtler J (1996) Der Industriemeister und der Strukturwandel in der Industrie – Neue Variationen zu einem alten Thema. Soziologisches Forschungsinstitut an der Universität Göttingen – SOFI-Mitteilungen 2319962544. http://www.econbiz.de/archiv1/2008/41284_industriemeister_und_strukturwandel.pdf
3. BMWi (Bundesministerium für Wirtschaft und Energie) (Hrsg) (2019) Was ist Industrie 4.0? https://www.plattform-i40.de/PI40/Navigation/DE/Industrie40/WasIndustrie40/was-ist-industrie-40.html. Zugegriffen: 5. Apr. 2019
4. DIHK (2014) Industriemeister, DIHK Deutscher Industrie- und Handelskammertag e. V. https://www.dihk.de/themenfelder/aus-und-weiterbildung/weiterbildung/weiterbildungsabschluesse/abschluesse/industriemeister. Zugegriffen: 26. Apr. 2019

5. Fraunhofer IPK. (2014). Moderation und Coaching bei der ganzheitlichen Geschäftsprozessmodellierung eines Automobilzulieferers, Fraunhofer-Institut für Produktionsanlagen und Konstruktionstechnik IPK
6. Fraunhofer IPK (2018) MO^{2}GO [Computer software]. Berlin: Fraunhofer IPK. https://moogo.ipk.fraunhofer.de/?page_id=43
7. Frei F (1996) Die kompetente Organisation. Qualifizierende Arbeitsgestaltung – die europäische Alternative; mit einer Methodik zum Business reengineering (2., überarb. und erw. Aufl.). Zürich, vdf Hochschulverl. an der ETH
8. von Garrel J, Schenk M, Seidel H (2014) Flexibilisierung der Produktion – Maßnahmen und Status-Quo. In: Schlick C (Hrsg) Flexible Produktionskapazität innovativ managen. Handlungsempfehlungen für die flexible Gestaltung von Produktionssystemen in kleinen und mittleren Unternehmen. Springer, Berlin, S 81–126
9. Hernández Morales R (2003) Systematik der Wandlungsfähigkeit in der Fabrikplanung (Fortschritt-Berichte VDI Reihe 16, Technik und Wirtschaft, Bd. 149, Als Ms. gedr). Düsseldorf, VDI-Verl. (Zugl.: Hannover, Univ., Diss., 2002)
10. Herold H-H, Maßberg W, Stute G (1971) Die numerische Steuerung in der Fertigungstechnik. VDI-Verl, Düsseldorf
11. Jaeger D (1997) Die strategische Bedeutung der Meister für das lernende Unternehmen. In Institut Arbeit und Technik (Hrsg), Institut Arbeit und Technik: Jahrbuch 1996/97 (S. 150–165). Gelsenkirchen. http://www.iaq.uni-due.de/aktuell/veroeff/ps/jaeger97a.pdf. Zugegriffen: 5. Apr. 2019
12. Johnson JL, Lee RP-W, Saini A, Grohmann B (2003) Market-focused strategic flexibility: conceptual advances and an integrative model. J Acad Mark Sci 31(1):74–89. https://doi.org/10.1177/0092070302238603
13. Klemke T, Mersmann T, Nyhuis P (2012). Wandlungsfähige Produktionssysteme. Methodik zur Bewertung und Gestaltung der Wandlungsfähigkeit. wt-online 4-2012 102 (4), 222–227. https://www.gefahrstoffe.de/libary/news/2012/04/222_66733.pdf. Zugegriffen: 5. Apr. 2019
14. Kurbel K (2016) Enterprise resource planning und supply chain management in der industrie. Von MRP bis Industrie 4.0 (De Gruyter-Studium, 8, vollst. überarb. und erw. Aufl.). De Gruyter Oldenbourg, Berlin
15. Mikl-Horke G (2014) Industrie- und Arbeitssoziologie (6., vollständig überarbeitete Aufl.). R. Oldenbourg Verlag, München
16. MPDV Mikrolab GmbH (2014) Wissenschaftlich bestätigt: Industrie 4.0 braucht MES. Forschungsprojekt LUPO erfolgreich abgeschlossen, MPDV Mikrolab GmbH. https://www.perfect-production.de/perfect-production-gmbh/news/detailseite/News/detail/wissenschaftlich-bestaetigt-industrie-40-braucht-mes/695086ba08c8134eaaa6852d3130181c. Zugegriffen: 6. Juni 2019
17. Nyhuis P, Reinhart G, Abele E (Hrsg) (2008) Wandlungsfähige Produktionssysteme. Heute die Industrie von morgen gestalten. PZH Produktionstechnisches Zentrum, Garbsen
18. Schönfelder C (2018). Muße – Garant für unternehmerischen Erfolg. Ihr Potenzial für Führung und die Arbeitswelt 4.0. Springer, Wiesbaden
19. Software AG (2014) ARIS [Computer software]. Darmstadt, Software AG. https://www.softwareag.com/de/products/az/default.html
20. Spur G (2002) Flexible Fertigungssysteme der siebziger Jahre. ZWF Zeitschrift für wirtschaftlichen Fabrikbetrieb 97(9):418–421. https://doi.org/10.3139/104.020904
21. Wiendahl H-P, Reichardt J, Nyhuis P (2014) Handbuch Fabrikplanung. Konzept, Gestaltung und Umsetzung wandlungsfähiger Produktionsstätten (2., überarb. und erw. Aufl.). Hanser, München

Der Meister in Industrie-4.0-Fabriken

3

Benjamin Schneider, Marco Kayser, Erdem Gelec und Hartmut Hirsch-Kreinsen

Einleitung – zwei Wege zur Definition der zukünftigen Meisterfunktion

Der Meister gilt gemeinhin als die Allzweckwaffe des deutschen Mittelstands [11, 26]. Die in seiner Rolle integrierten Funktionen (Führung, Fachkraft, Kundenbetreuer, Betriebswirt) sind nicht durch einfache Zukunftsbilder betrachtbar. Das JUMP-Konsortium hat sich dieser Aufgabe aus zwei Richtungen genähert. Einerseits erfolgt die Ableitung der zukünftigen Anforderungen an die Arbeitswelt aus Sicht der beteiligten Unternehmen, woraus das Rollenbild des Meisters mit seinen erforderlichen Qualifikationen abgeleitet wird. Wir gehen jedoch davon aus, dass der Meister sich dynamisch weiterentwickeln muss. Deshalb wird in Abschn. 3.2.3 eine dynamische Qualifikationsmatrix vorgestellt, die eine systematische Weiterentwicklung unterstützen soll. Weiterhin entwickelt Prof. Dr. Hirsch-Kreinsen in seinem Gastbeitrag aus einer ganzheitlichen Betrachtung heraus Grenzszenarien, die einen Rahmen für die zukünftige Bedeutung und Rolle des Meisters in der Produktion der Zukunft darstellen.

B. Schneider (✉) · M. Kayser
Institut für Arbeitswissenschaften und Technologiemanagement IAT, Universität Stuttgart, Stuttgart, Deutschland

E. Gelec
Fraunhofer-Institut für Arbeitswirtschaft und Organisation IAO, Stuttgart, Deutschland

H. Hirsch-Kreinsen
Technische Universität Dortmund, Dortmund, Deutschland

T. Knothe et al. (Hrsg.), *Die Digitalisierungshürde lässt sich Meister(n)*,
https://doi.org/10.1007/978-3-662-60367-3_3

3.1 Zukunftsbilder für die Arbeit in produzierenden KMU

Benjamin Schneider, Marco Kayser und Erdem Gelec

Durch Industrie 4.0 und Digitalisierung nimmt die Zahl der vernetzten Entitäten stetig zu [18]. KMU stehen vor der Herausforderung, mit dem Tempo großer Unternehmen im Bereich Digitalisierung Schritt zu halten [22]. Kundenanforderungen werden zunehmend divers, was auch KMU vor Herausforderungen stellt [5]. Entsprechend dem Megatrend der Globalisierung wird der Wettbewerb immer internationaler [27]. Was diese Änderungen für die Arbeit in produzierenden KMU bedeutet, ist heute nicht vollständig vorhersehbar. Die Szenariotechnik stellt eine Möglichkeit dar, zukünftige Entwicklungen vorauszudenken, diese systematisch zu bewerten, daraus mögliche und konsistente Zukunftsbilder abzuleiten und sich auf die bevorstehenden Änderungen vorzubereiten [19].

3.1.1 Methodisches Vorgehen

Generelles Vorgehen In der Regel werden Branchenszenarien erarbeitet, um aus diesen Unternehmensstrategien abzuleiten. Branchenszenarien betrachten die Veränderungen in der jeweiligen Branche in Bezug auf konkrete Akteure und Wettbewerber, Marktentwicklungen sowie das globale Umfeld [16]. Hierbei wird ein Betrachtungshorizont von mindestens fünf Jahren in der Zukunft empfohlen [32]. Die im Projekt angewandte Methodik zur Erstellung der Szenarien folgt dem Ansatz des IAT der Universität Stuttgart (IAT) und des Fraunhofer IAO (IAO) [42], dieser basiert auf den Vorarbeiten von Gausemeier [19]. Um die Methodik in diesem Projekt zielführend und effizient anwenden zu können, wurde sie auf die im Projekt vorhandenen Anwendungsfälle und Umgebungsvariablen angepasst. Die Anpassung betrifft die Zusammensetzung der Projektteams in den KMU sowie die Herangehensweise innerhalb der verschiedenen Workshops.

Entsprechend dem Ansatz des IAT und des IAO [42] ist das Vorgehen in einem Szenarioprojekt in sechs Phasen unterteilt. Diese sind in Abb. 3.1 dargestellt und werden im Folgenden zusammen mit dem an die Besonderheiten von KMU angepassten Vorgehen im Projekt beschrieben.

Phase 1 Im Projekt wurden gemeinsam mit den beiden Anwendungspartnern cirp und Maier Branchenszenarien erarbeitet. Hierzu wurde zunächst der Betrachtungsraum, also der Rahmen des Vorhabens, festgelegt. Der zentrale Erfolgsfaktor ist hierbei die eindeutige Festlegung der Zielsetzung. Im Projekt wurde diese in zweistündigen Vor-Ort-Workshops mit den Mitarbeitern und der Geschäftsführung der Anwendungspartner erarbeitet. Der Fokus – Szenarien zur Zukunft der Arbeit bzw. Produktionsarbeit im Jahr 2025 – wurde gemäß der JUMP-4.0-Zielsetzung gewählt.

Abb. 3.1 Ablauf der Szenarienerstellung in KMU in Anlehnung an [42]

Phase 2 Die weiteren Projekttreffen zur Szenarienerstellung fanden gemeinsam mit den Anwendungspartnern unter Einbindung aller relevanten Interessengruppen (Meister, Produktion, Vertrieb, Entwicklung, Konstruktion etc.) statt. Zu Beginn sollte gemeinsam mit den unterschiedlichen Interessengruppen eine Basis für die Zusammenarbeit erarbeitet werden. Hierzu wurden zunächst in Form von Impulsvorträgen zukünftige Trends und Technologien (Elektromobilität, augmentierte Realität, künstliche Intelligenz …) vorgestellt und diskutiert. In einem interaktiven Teil des Projekttreffens wurden Möglichkeiten erarbeitet, aktuelle Trends und Technologien (Drohnen, additive Fertigung, Staubsaugerroboter, Smartwatch …) sinnvoll in den jeweiligen Unternehmenskontext zu integrieren. Somit wurde das gesamte Projektteam hinsichtlich aktueller technologischer Trends und des Vorausdenkens zukünftiger Entwicklungen sensibilisiert und motiviert.

Phase 3 Anschließend wurde das Vorgehen zur Szenarienerstellung erläutert und das Szenariofeld abgesteckt. In diesem werden alle Faktoren abgebildet, die einen Einfluss auf das Zielbild des Projekts haben. Abb. 3.2 stellt beispielhaft ein solches Szenariofeld dar. Im nächsten Schritt wurden mithilfe einer STEEP-Analyse Einflussfaktoren ermittelt. Diese unterstützt dabei, gezielt das Umfeld der Branche zu analysieren, und betrachtet soziokulturelle (**S**ocietal), technologische (**T**echnological), ökonomische (**E**conomical), Umwelt- (**E**nvironmental) und politische Faktoren (**P**olitical). Bei den beiden Anwendungspartnern konnten so jeweils 35 bis 40 Faktoren identifiziert werden.

Phase 4 Zur weiteren Priorisierung wurden die Einflussfaktoren in einer Ursache-Wirkungs-Matrix gegenübergestellt und von den Mitarbeitern hinsichtlich ihrer Aktivität gegeneinander bewertet (siehe hierzu auch Abb. 3.3). Für diesen Schritt war die Expertise der Mitarbeiter aus den spezifischen Fachbereichen von großer Bedeutung. Insgesamt belief sich der zeitliche Aufwand für diesen Arbeitsschritt, von der Einführung in das Thema Zukunftsszenarien bis zu den bewerteten Einflussfaktoren, auf zwei halbe Workshoptage je Anwendungspartner.

Anschließend erfolgte die softwaregestützte Auswertung der Matrix und darauf basierend die Übertragung der Faktoren in ein Schaubild [21]. Dieses Schaubild dient als

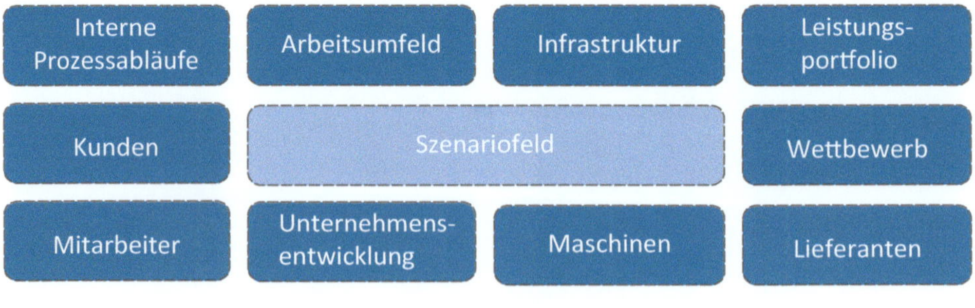

Abb. 3.2 Szenariofeldanalyse

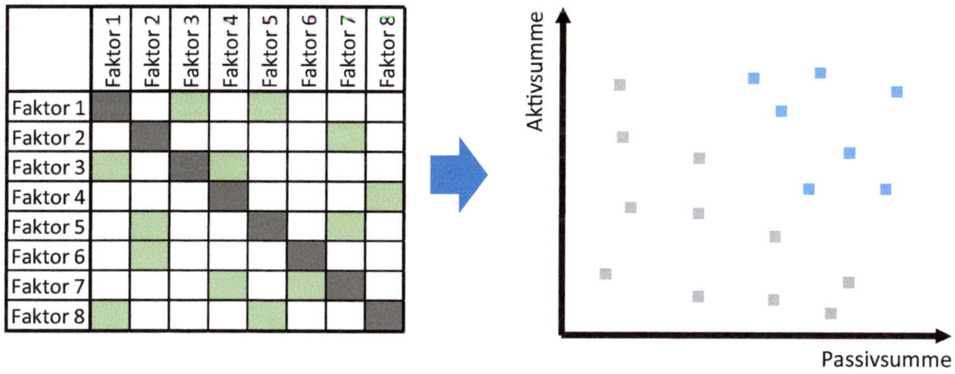

Abb. 3.3 Ursache-Wirkungs-Matrix (links) und Visualisierung der Relevanz der Faktoren für das betrachtete System (rechts) in Anlehnung an [21]

Hilfsmittel, um aus der Gesamtheit an Faktoren diejenigen mit der höchsten Relevanz (technisch betrachtet: Aktivität) für die weitere Szenarienerstellung herauszufiltern [21]. Die finale Abstimmung der Faktoren fand je Anwendungspartner in einer einstündigen Telefonkonferenz statt.

Phase 5 Im nächsten Schritt wurde ein Deskriptorenkatalog erstellt, der die ausgewählten Einflussfaktoren detailliert beschreibt. Zur Beschreibung zählen die Definition, Hintergrundinformationen und plausible zukünftige Ausprägungen (Projektionen). Er diente im weiteren Verlauf zum Aufbau und zur Abstimmung des gemeinsamen Verständnisses über die Definition und die Zukunftsprojektionen.

Phase 6 Die Ursache-Wirkungs-Matrix wurde um die Zukunftsprojektionen der Faktoren erweitert (s. Abb. 3.4). In der so entstehenden Matrix für die Cross-Impact-Bilanzanalyse (CIB) [39] wird durch die Mitarbeiter bei den Anwendungspartnern bewertet, wie wahrscheinlich es ist, dass zwei Zukunftsprojektionen unterschiedlicher Deskriptoren in Zukunft gemeinsam auftreten. Um dieses Verfahren für die KMU praktikabel zu gestalten, erfolgte dieser Schritt bei den Anwendungspartnern mit einer reduzierten Anzahl an Mitarbeitern. Der zeitliche Aufwand belief sich auf einen Workshoptag. Im Anschluss an die Bewertung wird die Cross-Impact-Matrix softwaregestützt ausgewertet [39]. Ausgegeben werden konsistente, d. h. widerspruchsfreie Kombinationen, der Projektionen der einzelnen Deskriptoren. Diese werden auch als Rohszenarien bezeichnet.

Phase 7 Abschließend wurden dem Projektteam die Rohszenarien vorgestellt und in einer gemeinsamen Diskussion zu Szenariobündeln zusammengefasst [16, 42], welche die finalen Szenarien darstellen. Der zeitliche Aufwand hierfür belief sich auf ungefähr einen halben Workshoptag. Um die Arbeitsergebnisse Dritten besser zugänglich zu machen, wurden Kernaspekte der Szenarien auf jeweils einer DIN-A4- Seite

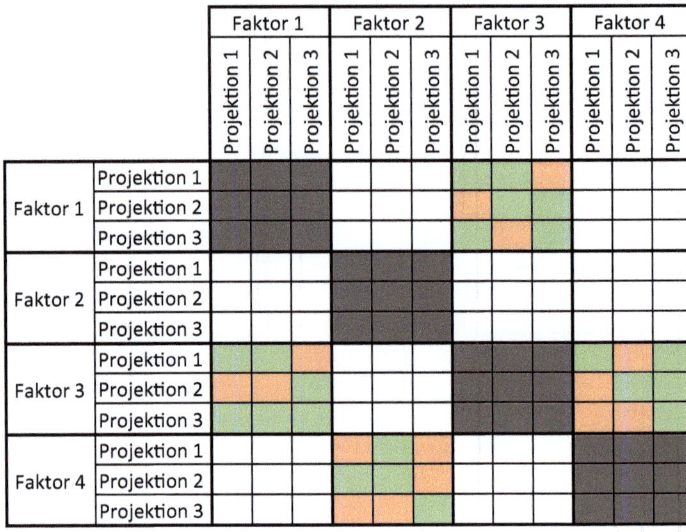

Abb. 3.4 Erweiterte Ursache-Wirkungs-Matrix zur Bewertung von Projektionen unterschiedlicher Faktoren vgl. [39]

beschrieben. Die Szenarien bzw. Zukunftsbilder ermöglichen es, in einem weiteren Schritt geeignete Handlungsoptionen für das jeweilige Unternehmen abzuleiten. Ein daran anschließender Schritt ist die Erstellung einer unternehmensspezifischen Roadmap zur Umsetzung der Handlungsoptionen [20].

3.1.2 Zukunftsbilder

In Abschn. 3.1.1 wurde das Vorgehen zur Erstellung von Zukunftsbildern beschrieben. Fokus der Zukunftsbilder ist die Entwicklung der Arbeit bei den jeweiligen Anwendungspartnern bis 2025. Aus den Einflussfaktoren und den Ergebnissen der unternehmensindividuellen Szenarien wurden branchenübergreifende Szenarien für die Arbeit in produzierenden KMU für das Jahr 2025 abgeleitet und abgestimmt.

Um aus den Branchenszenarien, die mit den jeweiligen Anwendungspartnern erstellt wurden, branchenübergreifende Zukunftsbilder für produzierende KMU abzuleiten, wurde in Zusammenarbeit mit den Anwendungspartnern eine Schnittmenge der relevantesten Schlüsselfaktoren aus den bereits bestehenden Einflussfaktoren bestimmt. Diese sind im Folgenden aufgelistet:

- Dynamik der technischen Entwicklung
- Individualisierung von Produkten
- technische Marktanforderungen
- Einbindung der Unternehmen in digitale Ökosysteme

- Wettbewerbssituation (speziell bezogen auf Schwellenmärkte und dortige Anbieter)
- Ansprüche der Kunden
- Arbeitszeitmodell
- unternehmensinterner Dokumentationsablauf
- Transparenz in der Leistungserbringung
- Digitalisierung im Angebots- und Auftragswesen

Gemäß der angewandten Methodik (siehe Abschn. 3.1.1) werden die Zukunftsprojektionen in einer Cross-Impact-Matrix [39] gegeneinander bewertet. Im Anschluss wird die bewertete Matrix mithilfe einer Software ausgewertet. Ausgegeben werden schlüssige, also konsistente Kombinationen der unterschiedlichen Projektionen der Schlüsselfaktoren. Die so entstehenden Rohszenarien werden anschließend zu Szenarienbündeln zusammengefasst.

Im Projekt wurden aus den Rohszenarien drei Szenarien abgeleitet. Diese wurden im Projektkonsortium diskutiert, abgestimmt und bewertet. Im Rahmen der Diskussion wurden Änderungen an den Projektionen vorgenommen. Dies geschah, um das Verständnis und die Expertise der an der Diskussion beteiligten Anwendungspartner abzubilden. Die so entstandenen Zukunftsbilder sind in Abb. 3.5 dargestellt. Dort werden die zentralen Elemente der Szenarien wiedergegeben und die wichtigsten Unterscheidungen visualisiert.

Szenario 1 – Individualisierungsszenario
Diesem Szenario sprechen die Anwendungspartner die höchste Eintrittswahrscheinlichkeit zu. Es dient somit als Leitszenario.

Marktanforderungen Das Szenario beschreibt eine Entwicklung der Unternehmens- bzw. KMU-Umwelt hin zu einer stark individualisierten Nachfrage von Produkten und Dienstleistungen. Gleichzeitig besteht weiterhin eine starke technische Entwicklung, welche die Entwicklung der technischen Marktanforderungen antreibt. Dies bedeutet, dass die deutsche Hightechstrategie grundsätzlich weiterhin als Differenzierungskriterium gegenüber dem internationalen Wettbewerb angesehen werden kann. Im Vergleich zu heute verändert sich in diesem Umfeld die Bedeutung digitaler Ökosysteme, wie Vertriebsplattformen und Kollaborationsnetzwerke, nur sehr wenig. Die Anwendungspartner sehen in diesem Szenario die individuelle Beratungskompetenz der Experten im Haus als deutlich relevanter an als die Bereitstellung von konfigurierbaren, modularen Produkten oder Produktionskapazitäten.

Kundenanforderungen In diesem Szenario ist ebenfalls von einem deutlichen Anstieg der nichttechnischen Ansprüche der Kunden, also solchen Ansprüchen, die sich auf die äußeren Rahmenbedingungen wie bspw. Qualität und (zusätzliche) Dienstleistungen beziehen, auszugehen. Kunden erwarten bspw. ein sehr umfangreiches Qualitätsmanagement der gefertigten Produkte und ebenso immer umfassendere Dokumentationen. Hier spielt ebenfalls ein hoher Digitalisierungs- und auch Automatisierungsgrad

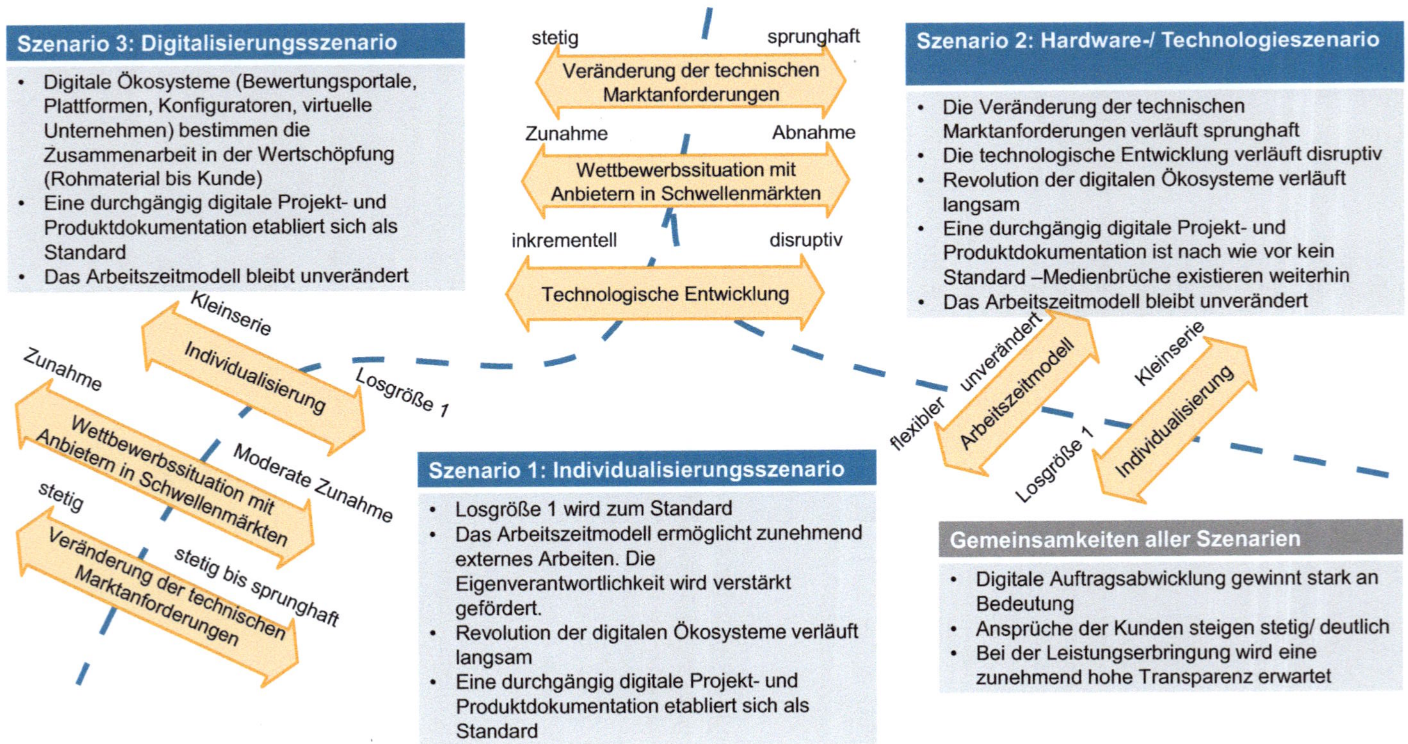

Abb. 3.5 Hauptcharakteristika der Zukunftsbilder

der Projekt- und Produktdokumentation eine große Rolle, um die gestiegenen Kundenanforderungen in Bezug auf Qualität und Dienstleistungen effizient erfüllen zu können.

Wettbewerbssituation Die Situation im internationalen Wettbewerb wird sich dahingehend verändern, dass die lokalen Anbieter in Schwellenmärkten die technischen Marktanforderungen zunehmend erfüllen. Die räumliche Nähe der lokalen Anbieter wird so zu einem immer relevanteren Entscheidungskriterium und zu einem wachsenden Wettbewerbsfaktor.

Interne Abläufe Effizienz wird ebenfalls in der Auftragsabwicklung stark individualisierter Produkte gefordert und kann bzw. muss durch die durchgängige Digitalisierung der Auftragsabwicklung erzielt werden. Diese begünstigt ihrerseits wiederum die stark geforderte transparente Kommunikation der Leistungserbringung. Hierzu zählen auch einfach umsetzbare Faktoren wie bspw. das Nachverfolgen des Sendungsstatus von Paketen. Ebenso zielt diese auf die Nachverfolgbarkeit bzw. Nachvollziehbarkeit von internen Abläufen ab, also auf die Bereitstellung des internen Bearbeitungsstatus eines Auftrags.

Arbeitszeitmodell Das Arbeitszeitmodell verschiebt sich hin zu einem Modell, das auf einer stark ausgeprägten Eigenverantwortlichkeit beruht und in den Berufen, die dies erlauben, auch stark das externe Arbeiten unterstützt und ermöglicht.

Szenario 2 – Hardware-/Technologieszenario
Szenario 2 wird von den Anwendungspartnern mit der zweithöchsten Eintrittswahrscheinlichkeit bewertet. Es ist somit als Alternativszenario anzusehen.

Marktanforderungen Dieses Szenario ist hauptsächlich durch sprunghaft verlaufende technologische Entwicklungen geprägt. Damit einhergehend ändern sich auch die technischen Marktanforderungen sprunghaft. Die Produktindividualisierung basiert nicht auf der vollständig kundenindividuellen Entwicklung und Herstellung der Produkte, sondern vielmehr auf kombinierbaren Modulen und Baugruppen sowie der kundenindividuellen Entwicklung von Kleinserien. Die Relevanz digitaler Ökosysteme nimmt nur langsam zu, sie haben also weiterhin einen ähnlichen Einfluss auf die Zusammenarbeit in der Wertschöpfung wie bereits heute.

Kundenanforderungen Es ist ein deutlicher Anstieg der nichttechnischen Ansprüche der Kunden, also solchen Ansprüchen, die sich auf die äußeren Rahmenbedingungen wie bspw. Qualität und (zusätzliche) Dienstleistungen beziehen, zu erwarten. Die Kunden erwarten zudem eine sehr hohe Transparenz in der Leistungserbringung der Unternehmen.

Wettbewerbssituation Die Wettbewerbssituation lockert sich für die deutschen KMU etwas, da diese sich auf Basis ihrer Hightechstrategie sowie der sprunghaften Entwicklung der Technologien und der technischen Marktanforderungen von Wettbewerben in Schwellenländern differenzieren können. Trotzdem bleibt die örtliche Nähe der lokalen Anbieter ein zentraler Wettbewerbsfaktor, den es für die Unternehmen zukünftig weiter zu berücksichtigen gilt.

Interne Abläufe Die durchgängig digitale Projekt- und Produktdokumentation entwickelt sich nicht zu einem Standard. Einige Unternehmen setzen diese erfolgreich um, andere arbeiten weiterhin mit den bestehenden Medienbrüchen. Die digitale Auftragsabwicklung gewinnt hingegen, analog zu Szenario 1, stark an Bedeutung.

Arbeitszeitmodell Es gibt keine Veränderung am Arbeitszeitmodell hin zu einer stärkeren Flexibilisierung. Es finden keine einschneidenden Veränderungen bzgl. der Rahmenbedingungen für Arbeitnehmer und -geber statt.

Szenario 3 – Digitalisierungsszenario
Szenario 3 wird von den Anwendungspartnern die geringste Eintrittswahrscheinlichkeit zugesprochen. Es dient somit als weiteres Alternativszenario.

Digitale Ökosysteme Dieses Szenario unterscheidet sich von den beiden oben beschriebenen Szenarien hauptsächlich durch seinen Fokus auf den hohen Stellenwert digitaler Ökosysteme und Plattformen. Diese werden im Szenario intensiv genutzt und stellen ein zentrales Mittel zur Kooperation in Wertschöpfungsnetzwerken dar. Auch die projektabhängige Bildung von virtuellen Unternehmen, in denen Mitarbeiter aus verschiedenen Unternehmen in multidisziplinären Teams projektbasiert, also zeitlich begrenzt, zusammenarbeiten, ist eine Entwicklung, die in diesem Szenario als wahrscheinlich angesehen wird.

Marktanforderungen In diesem Szenario wird die Individualisierung von Produkten, ebenso wie in Szenario 2, vorrangig in Form von Kleinserien und modularen Produkten umgesetzt sein. Diese werden über die oben beschriebenen Onlineplattformen und Konfiguratoren angeboten und beworben und können vom Kunden, im Rahmen der möglichen Modulkombinationen, frei konfiguriert und direkt bestellt werden.

Kundenanforderungen Auch in diesem Szenario ist ein deutlicher Anstieg der nichttechnischen Ansprüche der Kunden, also solchen Ansprüchen, die sich auf die äußeren Rahmenbedingungen wie bspw. Qualität und (zusätzliche) Dienstleistungen beziehen, zu erwarten. Die Kunden erwarten zudem eine sehr hohe Transparenz in der Leistungserbringung der Unternehmen.

Wettbewerbssituation Ein weiterer zentraler Unterschied ist, dass die technologische Entwicklung in diesem Szenario, im Vergleich zu den beiden oben stehenden, eher stetig ablaufen wird. Dies führt zu einem großen Wettbewerb zwischen den lokalen Anbietern in Schwellenländern und deutschen KMU. Auch deutsche Unternehmen, die Standorte in

Schwellenländern aufbauen, könnten sich hier für lokale Anbieter entscheiden, da diese die am Markt geforderten technischen Standards erfüllen und durch ihre örtliche Nähe besseren Service und bessere Reaktionszeiten bieten.

Interne Abläufe Ebenso werden Plattformen und Onlinekonfiguratoren, in denen Unternehmen ihre Leistungen anbieten, ein zentrales Element der Wertschöpfungssysteme werden. Entsprechend hat auch in diesem Szenario die durchgängige digitale Abwicklung der internen Abläufe – Produkt- und Projektdokumentation sowie auch die Auftragsabwicklung – einen hohen Stellenwert.

Arbeitszeitmodell Ebenso wie in Szenario 2 gibt es keine Veränderung am Arbeitszeitmodell bspw. hin zu einer stärkeren Flexibilisierung. Es finden keine einschneidenden Veränderungen bzgl. der Rahmenbedingungen für Arbeitnehmer und -geber statt.

Allgemeiner Trend
Fachkräfte Ein zentraler Faktor ist über alle Szenarien die Verfügbarkeit von Fachkräften. Die Rekrutierung von Fachkräften stellt sich für die KMU über alle Szenarien hinweg als Herausforderung dar. Eine von den Anwendungspartnern als realistisch eingeschätzte Reaktion ist es, dass KMU in Zukunft sehr frühzeitig und intensiv auf Universitäten und Hochschulen zugehen werden, um dort bei den Studentinnen und Studenten eine Sichtbarkeit als attraktiver Arbeitgeber zu erzeugen.

3.2 Neue Rolle des Meisters in KMU

Benjamin Schneider, Marco Kayser und Erdem Gelec

In KMU ist es die Aufgabe des Industriemeisters, auf dem Hallenboden den Überblick zu haben und zur richtigen Zeit die richtige Entscheidung zu treffen [12]. Parallel zu den aus Industrie-4.0-Maßnahmen resultierenden Veränderungen im Produktionssystem ändert sich auch das Rollenbild des Industriemeisters.

Mit dem Begriff „Meister“ werden umgangssprachlich Handwerker bezeichnet, die ihre Ausbildung mit der Industriemeisterprüfung [12] abgeschlossen haben. In unserem projektinternen Verständnis umfasst der Begriff die Personen, die auf dem betrieblichen Hallenboden einem bestimmten Bereich vorstehen. Insbesondere in KMU kommt dieser Rolle eine zentrale Bedeutung zu, da sie durch ihre integrierende Funktion und ihre Entscheidungen stark auf die Teamleistung und den Unternehmenserfolg einwirkt.

Die arbeitswissenschaftliche Gestaltung im Sinne der ganzheitlichen Betrachtung von Mensch, Technik und Organisation (vgl. [40]) wurde im Projekt auf Basis eines partizipativen Ansatzes umgesetzt. Auf Basis einer Analyse der Istsituation mittels Experteninterviews und der Erstellung von Prozessmodellen wurden bedarfsgerechte arbeitsorganisatorische und technologische Umsetzungsmöglichkeiten mit den Projektpartnern diskutiert und konzipiert. Besonderer Fokus lag hierbei auf Veränderungen der Arbeitswelt und der Meisterrolle.

Gemeinsam mit den Projektpartnern wurden in Workshops die wichtigsten Veränderungen, Aufgaben, Verantwortlichkeiten und aktuelle sowie zukünftige Herausforderungen des Meisters erarbeitet. Dabei wurden mithilfe von Visualisierungen besonders die Schnittstellen zu unterschiedlichen Funktionsbereichen des Unternehmens (Geschäftsführung, Warenwirtschaft, Vertrieb, Konstruktion, Hallenboden) fokussiert. Abschnitt 3.2.1 beschreibt die Aspekte des zukünftigen Rollenbilds des Meisters in Industrie 4.0. Speziell in der Rolle als Verantwortlicher für die Planung und Ausgestaltung der Qualifizierung und Weiterentwicklung der Mitarbeiter im Sinne der Unternehmensstrategie wurde im Projekt eine prozessbasierte Qualifikationsmatrix erstellt und in den JUMP Planner integriert. Diese wird zusammen mit den aus Industrie 4.0 und Digitalisierung resultierenden Anforderungen an die Qualifikation der Mitarbeiter in Abschn. 3.2.2 beschrieben. Die Ausgestaltung der darauf aufbauenden dynamischen und prozessbasierten Qualifikationsmatrix wird in Abschn. 3.2.3 beschrieben.

3.2.1 Rollenbild des Meisters in Industrie 4.0

Das Rollenbild des Meisters in Industrie 4.0 und somit in digitalisierten Produktionssystemen ist geprägt von neuen Anforderungen. Diese beziehen sich auf fachliche Kompetenzen, wie bspw. den Umgang mit neuartigen IT-Werkzeugen. Ebenso ergeben sich neue Anforderungen hinsichtlich sozialer, persönlicher und methodischer Kompetenzen, die sogenannten Soft Skills (vgl. [29]), welche bspw. im Umgang mit Mitarbeitern und selbst organisiert agierenden Teams eine entscheidende Bedeutung haben. Im Folgenden wird das im Projektkonsortium erarbeitete und abgestimmte Rollenbild des Meisters in Industrie 4.0 beschrieben.

Eine der zentralen Aufgaben des Meisters ist die Ressourcenplanung. Hier wird er in Zukunft von digitalen Assistenzsystemen unterstützt, welche bspw. die aktuelle Auslastung oder den Personalstand transparent machen. Im Falle von kurzfristigen Änderungen, bspw. durch krankheitsbedingte Ausfälle oder durch verspätete Lieferungen, kann der Meister mithilfe des JUMP Planners und der integrierten Qualifikationsmatrix schnell Lösungen finden.

Die Rolle des Meisters als Koordinator nimmt eine immer zentralere Position ein. Zunehmend selbst organisierte Facharbeiter können immer freier am Hallenboden agieren. Diese im selben Zug zu motivieren und ein Klima des Vertrauens zu schaffen ist eine zentrale Aufgabe des Meisters und gelingt bspw. durch das Einbinden in wichtige Entscheidungen.

Dem akuten Fachkräftemangel muss der Meister als Verantwortlicher für die Qualifizierung seiner Mitarbeiter mit mitarbeiterindividuellen Qualifizierungsplänen begegnen.

Hierbei sollen Mitarbeiter entsprechend den Anforderungen aus den aktuellen und zukünftigen Unternehmensprozessen und individuellen Prozessschritten qualifiziert werden. Die bereits höher qualifizierten Mitarbeiter sollen schnittstellenübergreifend weitergebildet werden, damit sie verstärkt flexibel einsetzbar sind.

Der Meister agiert im Produktionssystem 4.0 als Datenmanager. In diesen Systemen existiert eine Vielfalt an Daten, die von unterstützenden Systemen zusammengetragen und verwaltet wird. Der Meister hat die Aufgabe, die Informationen zeitnah und zielgerichtet zu beurteilen und daraus entsprechende Reaktionen abzuleiten. Dabei ist der zeitliche Aufwand für die Planung ein wichtiges Kriterium. Es muss sichergestellt werden, dass der Meister nicht von der eigentlichen Arbeit abgehalten wird und dies den Einsatz der Systeme im Arbeitsalltag als impraktikabel erscheinen lässt.

Die Digitalisierung und die Umsetzung von Industrie-4.0-Maßnahmen im Unternehmen bedingen eine zunehmende Komplexität der IT-Infrastruktur in KMU. Der Meister ist aufgefordert, die Einführung von IT-Werkzeugen eng zu begleiten und sicherzustellen, dass diese ihm und seinen Mitarbeitern im Arbeitsalltag einen Vorteil verschaffen.

Die Handhabung von Konflikten ist eine zusätzliche Herausforderung, der der Meister als Bindeglied zwischen Unternehmensleitung und Hallenboden begegnen muss. Vorbehalte in der Belegschaft sollten schrittweise abgebaut werden. Um dies zu erreichen, müssen die Mitarbeiter im Veränderungsprozess begleitet werden.

3.2.2 Anforderungen an die Qualifikation

Im Projektkonsortium wird die Meinung vertreten, dass sich im Rahmen der Digitalisierung nicht nur die Anforderungen an die Qualifikationen und Kompetenzen der Mitarbeiter ändern, sondern zudem auch das klassische Rollenverständnis in der Belegschaft im Arbeitsalltag immer mehr verschwimmt. Mitarbeiter verantworten immer umfassendere Aufgabengebiete und werden somit über ihre eigentliche Rollendefinition hinaus eingesetzt. Industrie-4.0- und Digitalisierungsmaßnahmen verändern die Anforderungen, die einzelne Prozessschritte im Auftragsdurchlauf an die Mitarbeiter und somit an deren Qualifikation stellen (vgl. [37]).

Zunächst soll ein kurzer Überblick über verschiedene Arten von Mitarbeiterkompetenzen gegeben werden. Hierfür bietet die Kienbaum-Kompetenzpyramide eine gute Grundlage [29, 30]. Sie besagt, dass die Entwicklung von personalen und sozialen Kompetenzen nur sehr schwer oder nur über einen sehr langen Zeitraum möglich ist. Die methodischen und fachlichen Kompetenzen hingegen können bei vorhandener Lern- und Veränderungsbereitschaft schnell und zielgerichtet aufgebaut werden [14] nach [29].

Abb. 3.6 stellt die im Projekt erarbeiteten Kompetenzanforderungen für KMU in Industrie 4.0 dar. Im Projekt wurden hierzu zunächst Veröffentlichungen [1, 2, 7, 28, 29, 31] analysiert und anschließend anhand des Projektkontexts ausgewertet. Die dargestellten

Überfachliche Kompetenzen (Soft Skills)			
Personale Kompetenzen	**Sozialkommunikative Kompetenzen**	**Methodische Kompetenzen**	
1 Prozess-Knowhow (Ganzheitliches Denken)	**7** Führungs- und Verhandlungskompetenz	**16** Planungskompetenz	**23** Fähigkeit zur Koordination von Arbeitsabläufen
2 Belastbarkeit / Stressbewältigung	**8** Einfühlungsvermögen / Emotionale Intelligenz	**17** Beherrschung komplexer Arbeitsinhalte	**24** Fähigkeit zum Austausch mit Maschinen & vernetzten Systemen (HMI)
3 Entscheidungsfähigkeit	**9** Kommunikationsfähigkeit	**18** Kognitive Flexibilität	**25** Datenschutz / Privacy
4 Flexibilität	**10** Teamorientierung	**19** Abstraktionsvermögen	**26** Analytisches Denkvermögen (Umgang mit Big Data)
5 Selbstorganisation	**11** Problemlösungsfähigkeit	**20** Kreativität	**27** Web 2.0 / Mobile Geräte
6 Anpassungsfähigkeit und Lebenslanges Lernen	**12** fachübergreifendes Engagement	**21** Visualisierung	**28** Medienkompetenz
	13 Inter- und Transdisziplinarität	**22** Mitwirkung / Gestaltung an Innovationsprozessen	
	14 Interkulturelle Kompetenzen		
	15 Virtuelle Zusammenarbeit		

Fachliche Kompetenzen (Hard Skills)	
	Fachliche Kompetenzen
Industrie-4.0-spezifisch	**29** EDV/IKT-Kompetenzen
	30 Fachspezifische Sprachkenntnisse
	31 Verfahrenstechnik (Werkstofftechnik)
	32 Netzwerk-/Funktechnologien und Übertragungstechnik
	33 Kombinierte Mechanik-, Elektronik-, IT-Kenntnisse
	34 Computerprogrammierung/-kodierung
unternehmensspezifisch	**35** Einkauf
	36 Werkzeugbau
	37 Messtechnik
	38 Spritzguss
	....

Abb. 3.6 Fachliche und überfachliche Kompetenzanforderungen in Industrie 4.0 in Anlehnung an [14] nach [29]. Kompetenzen basierend auf [1, 2, 7, 28, 29, 31]

Kompetenzen sind farblich in zwei Kategorien unterteilt. Die überfachlichen Kompetenzen (Soft Skills) müssen nicht unternehmensindividuell ausgestaltet werden. Sie können für Personalverantwortliche eine gute Orientierung sein, in welchem Bereich verschiedene Mitarbeiter optimal eingesetzt werden können. Beispielsweise kann die Kommunikationsfähigkeit ein Indikator dafür sein, für welche Bereiche und Aufgaben im Unternehmen sich Mitarbeiter besonders gut eignen.

Fachliche Kompetenzen (Hard Skills), aber auch die methodischen Kompetenzen sollten soweit möglich in jedem Unternehmen an die spezifischen Anforderungen aus den Prozessschritten angepasst werden. Hierbei sind die dargestellten Kompetenzen teilweise als Kategorien anzusehen. Die Kategorie *Kreativität* sollte durch im Unternehmen bereits gelebte Methoden näher definiert werden, im Bereich der Hard Skills ist eine solche Ausgestaltung ebenfalls sinnvoll. Benötigt die Erstellung einer FEM-Analyse besondere Kenntnisse in einer Programmiersprache, so sind diese in der Kategorie der *EDV/IKT-Kompetenzen* bzw. *Computerprogrammierung/-codierung* vorgesehen. Die vorgesehenen Kategorien können und sollen durch zusätzliche interne Anforderungen ergänzt werden.

3.2.3 Dynamische Qualifikationsmatrix – Handhabung neuer Anforderungen

Die Kompetenzen der Mitarbeiter spielen bei Planung, Einführung und Betrieb von Industrie-4.0-Maßnahmen ebenso wie bei der mobilen und dynamischen Jobeinplanung eine zentrale Rolle. Wie in Abschn. 3.2.1 beschrieben, ist in KMU der Meister für das Management der Mitarbeiter am Hallenboden sowie für die Personalentwicklung zuständig. Eine Qualifikationsmatrix, welche die mitarbeiterspezifischen Kompetenzen und Qualifikationen sowie deren Entwicklung über die Zeit verwaltet [8, 34], kann den Meister in diesen Aufgaben gut unterstützen. Ein prozessbasierter Ansatz zur Abbildung von Kompetenzen in einer Matrix wurde bereits in [37] vorgestellt und bildet die Ausgangsbasis für die hier vorgestellte Ausarbeitung.

Eine zentrale Frage bei der Umsetzung einer Qualifikationsmatrix ist die Erfassung und Beurteilung der bei Mitarbeitern vorhandenen Kompetenzen. Standardisiert überprüfbare Qualifikationen (bspw. durch Tests) können direkt erfasst werden. Um hieraus eine verlässliche Abbildung der tatsächlichen Kompetenzen von Mitarbeitern zu erhalten, sollten hybride Verfahren (Kombination aus qualitativen und quantitativen Messungen) zur Kompetenzmessung eingesetzt werden [33]. Tab. 3.1 stellt einen Auszug möglicher Optionen für die Erfassung bzw. Messung der Kompetenzen dar.

Eine Kombination aus den für jeden Prozessschritt spezifischen Qualifikationsanforderungen und den mitarbeiterspezifischen Kompetenzprofilen bildet das Grundelement der im Projekt umgesetzten Qualifikationsmatrix. Die Anforderungen an die Qualifikation der Mitarbeiter ergeben sich direkt aus den Inhalten der einzelnen Prozessschritte. Diese können im JUMP Planner anhand der Prozessschaubilder des Unternehmens von einem

Tab. 3.1 Übersicht Konzepte zur IST-Kompetenzerfassung vgl. [6, 15, 25, 29, 33, 36]

Neue Bewerber/ Mitarbeiter	
1. Bewerbungsunterlagen [29]	2. Vorstellungsgespräch [29]
3. KODE®-Verfahren [15]	4. KODE® X-Kompetenz-Explorer [36]
Langjährige Mitarbeiter	
5. Kompetenztests [36] *Tests*	6. Kompetenzpass [36] *„ProfilPass" & Portfolio*
7. Kompetenzbiografie [36] *Lerntagebuch*	8. Kompetenzsituation [36] *Beobachtung*
9. Sonstige Konzepte *Mitarbeiterjahresgespräche am Best-Practice-Beispiel der Deutschen Telekom* [6] *Zielvereinbarungen für Soft Skills* [29] *KODE®-Verfahren* [33] *KODE® X-Kompetenz-Explorer-Verfahren* [33]	

Meister oder einem anderen Mitarbeiter mit Personalverantwortung dynamisch verwaltet werden. Die in Abschn. 3.2.2 beschriebenen Kategorien von Kompetenzen bilden hierfür die Grundlage. Neben der optimierten Jobeinplanung und der Personaleinsatzplanung (vgl. [4]) können im Zusammenspiel mit der Unternehmensstrategie und den Anforderungen aus Industrie-4.0-Maßnahmen Qualifizierungsbedarfe und -potenziale bei einzelnen Mitarbeitern abgeleitet werden. Das Konzept unterstützt somit die Personalentwicklung in KMU. Abb. 3.7 visualisiert das Gesamtkonzept der JUMP-4.0-Qualifikationsmatrix.

Die Qualifikationsmatrix wurde im Projekt anhand anonymisierter Daten eines Anwendungspartners ausgestaltet. Hierzu wurden die aktuellen Anforderungen an die Rollen eines Konstrukteurs und eines Projektmanagers vom Unternehmen zur Verfügung gestellt. Anhand dieser Daten konnten die Kategorien der „Fachlichen Kompetenzen" umgesetzt werden. Weiter wurden die im Projekt bereits erstellten SOLL-Prozessmodelle für die Verortung der weiteren Qualifikationsanforderungen in einzelnen Prozessschritten genutzt. Die Matrix sieht eine Abstufung der Anforderungen in den jeweiligen Prozessschritten in Abhängigkeit vom definierten Komplexitätsgrad eines Auftrags vor. Abb. 3.8 visualisiert die unternehmens- und prozessspezifische Abbildung von Qualifikations- und Kompetenzanforderungen anhand des im Projekt erarbeiteten Konzepts.

Die Einstufung der für einen Prozessschritt nötigen Kompetenzen ist auf Basis des Modells nach Dreyfus [13] abgebildet. Dieser unterteilt die Aneignung von Kompetenzen

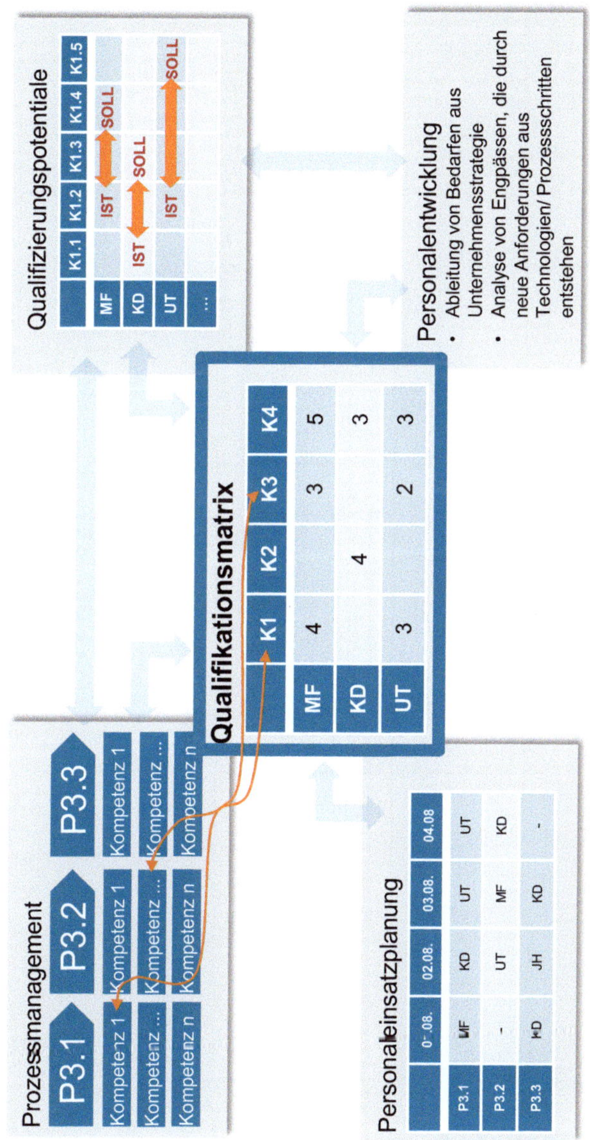

Abb. 3.7 Konzeptdarstellung der dynamischen Qualifikationsmatrix

Prozess 3

P. Schritt	Prozess	Kompetenz-Kategorie	Kompetenz		Ja/Nein Kriterium	SOLL-Komplexität 1						SOLL-Komplexität 2						SOLL-Komplexität 3					
						0	1	2	3	4	5	0	1	2	3	4	5	0	1	2	3	4	5
3.1	Konstruktionsdaten abrufen	Personale Kompetenzen	5 Selbstorganisation						1						1						1		
		Methodische Kompetenzen	24 Fähigkeit zum Austausch mit Maschinen & vernetzten Systemen (HMI)						1						1						1		
		Methodische Kompetenzen	28 Medienkompetenz					1						1						1			
		Fachliche Kompetenzen	## Administration Projektleitung	Einarbeitung: Abläufe im Bereich	1						2						2						2
		Fachliche Kompetenzen	29 EDV/IKT Kompetenzen	Excel				2						2						2			
		Fachliche Kompetenzen	29 EDV/IKT Kompetenzen	CAD-Software					2						2						2		
3.2	Konstruktionsdaten prüfen	Methodische Kompetenzen	19 Abstraktionsvermögen							1						1						1	
		Methodische Kompetenzen	24 Fähigkeit zum Austausch mit Maschinen & vernetzten Systemen (HMI)						1						1						1		
		Methodische Kompetenzen	28 Medienkompetenz						1						1						1		
		Fachliche Kompetenzen	29 EDV/IKT Kompetenzen	Excel				2						2						2			
		Fachliche Kompetenzen	29 EDV/IKT Kompetenzen	CAD-Software - Konstruktion					2						2						2		
....																							
3.7	Konstruktion prüfen	Methodische Kompetenzen	19 Abstraktionsvermögen							1						1						1	
		Methodische Kompetenzen	24 Fähigkeit zum Austausch mit Maschinen & vernetzten Systemen (HMI)						1						1						1		
		Methodische Kompetenzen	28 Medienkompetenz						1						1						1		
		Fachliche Kompetenzen	29 EDV/IKT Kompetenzen	Einarbeitung/ Einweisung in Aufgabengebiet CAD-Software	1						2						2						2
		...	...	...																			
		Fachliche Kompetenzen	36 Werkzeugbau	Einarbeitung: Grundkenntnisse/Verständnis für die Besonderheiten	1						2						2						2
		...	...																				
		Fachliche Kompetenzen	31 Verfahrenstechnik (Werkstofftechnik)						2						2						2		
		Fachliche Kompetenzen	29 EDV/IKT Kompetenzen	CAD-Software					2						2						2		
		Fachliche Kompetenzen	33 Kombinierte Mechanik-, Elektronik-, IT-Kenntnisse						2						2						2		
...																							
3.9	An WZ-Programmierung weitergeben	Sozialkommunikative Kompetenzen	9 Kommunikationsfähigkeit					1						1						1			
		Fachliche Kompetenzen	32 Netzwerk Funktechnologien und Übertragungstechnik					2						2						2			

Abb. 3.8 Anforderungen von Prozessschritten an die Kompetenzen der Mitarbeiter

im Erwachsenenalter in fünf aufeinander aufbauende Stufen, die vom *Anfänger* über den *fortgeschrittenen Anfänger,* den *kompetenten Mitarbeiter* und den *erfahrenen Mitarbeiter* bis hin zum *Experten* festgelegt sind. Ebenso sind „Ja/Nein-Kriterien" vorgesehen, die als Eingangsbedingung angesehen werden können. Diese sind separat gekennzeichnet und in den Stufen *nicht vorhanden* (0) und *vorhanden* (5) implementiert.

3.3 Ein Gastbeitrag von Prof. Dr. Hartmut Hirsch-Kreinsen – zur Zukunft der Meisterfunktion in der digitalen Produktion

Hartmut Hirsch-Kreinsen

Eine immer wieder diskutierte Frage ist, inwieweit der Meister als Führungsfigur durch Umwälzungen der Abläufe und Strukturen im Industriebetrieb insbesondere durch technologischen Wandel zur Disposition gestellt wird. Die sozialwissenschaftliche Arbeitsforschung konstatierte in den 1980er- und 1990er-Jahren mehr als einmal aus diesen Gründen eine „Meisterkrise" (z. B. [17, 35]). Auch wenn das Thema in den letzten Jahren ganz offensichtlich an Relevanz verloren hat, liegt aktuell angesichts des Schubs digitaler Technologien und der Vision Industrie 4.0 einmal mehr die Frage nach der Zukunft des Industriemeisters nahe.

Systematische empirische oder anwendungsorientierte Untersuchungen liegen zu dieser Frage bislang allerdings nicht vor. Gleichwohl sollen im Folgenden erste Hypothesen zu möglichen Wandlungstendenzen der Meisterrolle im Kontext von Industrie 4.0 entwickelt werden. Methodischer Ansatz hierfür sind vorliegende Szenarien zur Entwicklung digitaler Industriearbeit generell, die im Rahmen verschiedener Studien zu Industrie 4.0 an der TU Dortmund entwickelt worden sind (zusammenfassend z. B. [23, 24]). Diese Szenarien beziehen sich mehr oder weniger explizit auf mögliche Entwicklungstrends von i. w. S. operativer Arbeit, während die Funktionen mittlerer und unterer Vorgesetzter bislang kaum Berücksichtigung fanden. Daher werden die Szenarien im Folgenden ergänzt mit dem Blick auf einen möglichen Wandel der Rolle des Industriemeisters. Ähnlich wie die Szenarien generell handelt es sich dabei methodologisch um Hypothesen, die Ausgangspunkt für systematische Analysen sein können.

Meisterfunktionen im Kontext verschiedener Szenarien digitaler Arbeit
Fasst man die vorliegenden Forschungsergebnisse zusammen, so lassen sich in Hinblick auf den Wandel von Arbeit zugespitzt vier Szenarien formulieren, die als *Substitution, Upgrading, Polarisierung und Flexibilisierung/Entgrenzung* gefasst werden können (vgl. Abb. 3.9). Insgesamt ist davon auszugehen, dass diese Szenarien sich keinesfalls gegenseitig ausschließen, vielmehr können sie auf der sektoralen und betrieblichen Ebene nebeneinander existieren, ja komplementär zueinander stehen.

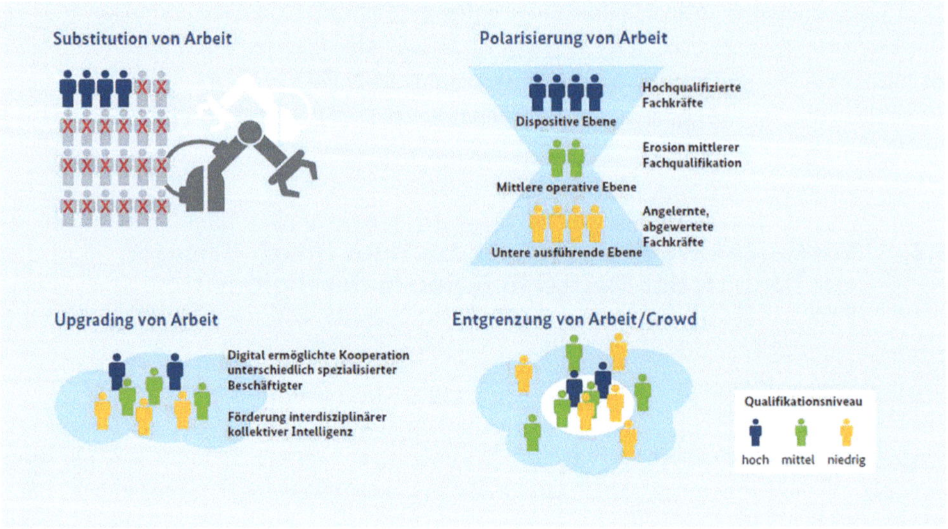

Abb. 3.9 Entwicklungsszenarien digitaler Arbeit

Substitution von Arbeit – der Meister als Personalmanager

Ein erstes Entwicklungsszenario ist als *Substitution von Arbeit* durch die neuen digitalen Technologien zu bezeichnen. Obgleich in der Arbeitsmarktforschung die Reichweite der Substitution von Arbeit infolge der digitalen Technologien umstritten ist, kann summa summarum von einer partiellen Substitution gesprochen werden, die allerdings verschiedene Beschäftigtengruppen in unterschiedlicher Weise trifft (z. B. [38]). Weitgehend einig sind sich hier fast alle Arbeitsmarktforscher, dass die Substitution vor allem im Segment gering qualifizierter, standardisierter und manueller Tätigkeiten in Produktion und Logistik anfallen wird. Die Voraussetzung hierfür ist, dass es sich dabei um Tätigkeiten handelt, die einen gut strukturierten und regelorientierten Charakter aufweisen, daher problemlos in Algorithmen überführt und automatisiert werden können (z. B. [9, 10]). Darüber hinaus nehmen viele Autoren auch eine absehbare Substitution qualifizierter (nicht-)routinisierter, kognitiver Tätigkeiten und Berufe mit kreativen und sozial-interaktiven Aufgaben an. Dies betrifft nicht nur qualifizierte Tätigkeiten auf dem Shopfloor, sondern auch die indirekten Bereiche der Planung und Steuerung, die Verwaltung, die Produktentwicklung und das Management. Zusammenfassend lässt sich daher festhalten, dass kurzfristig durchaus mit Substitutionseffekten von Arbeit auf unterschiedlichen Qualifikationsniveaus zu rechnen ist.

Zentrales Merkmal dieses Entwicklungspfades ist, dass die Betriebe weitreichend digitalisierte Automationstechnologien einsetzen. Diese Nutzungsformen der digitalen Technologien basieren auf einem Konzept, das auch als „Automatisierungsszenario" charakterisiert werden kann: Bei diesem Szenario wird ein immer größer werdender Teil der Entscheidungen durch die Technik automatisch getroffen [41]. Insgesamt lässt sich aber festhalten, dass der Effekt dieses Szenarios ist, dass überwiegend weniger qualifizierte Arbeit substituiert und qualifizierte Arbeit erhalten bleibt.

In Hinblick auf den *Wandel der Meisterfunktionen* im Kontext dieses Szenarios sind folgende zentrale Konsequenzen zu vermuten:

- Zum einen werden die Aufgaben und Funktionen, die sich auf die technisch-organisatorische Gewährleistung des Produktionsablaufs richten, zunehmend irrelevant. Denn diese werden vom digital-automatisierten Produktionssystem übernommen. Allenfalls ist der Meister auf der Basis seines Erfahrungswissens als Techniker und Organisator in den Phasen der Systemeinführung und der prozessübergreifenden Abstimmung der neuen Systeme gefragt. Hinzu kommen möglicherweise komplexitätsbedingt erweiterte und neue technisch-organisatorische Aufgaben. So kann man vermuten, dass angesichts der Systemkomplexität Aufgaben des Troubleshootings deutlich an Bedeutung gewinnen werden. Diese Aufgaben erfordern allerdings aufgrund der neuartigen Technologien eine enge Kooperation mit der entsprechenden Betriebsleitung und den einschlägigen IT-Experten im Unternehmen.
- Zum anderen rücken damit die sozialen Funktionen der Leitung und der Vermittlung ins Zentrum der Meisterrolle. Zwar ist das verbliebene qualifizierte Personal hinreichend qualifiziert, um beispielsweise den jetzt automatisierten komplexen Prozess zu überwachen und bei Störfällen kompetent eingreifen zu können. Jedoch gerinnt hierbei die Rolle des Meisters primär zu der eines Motivators und Beraters, der als Coach das kompetente Arbeitshandeln seiner Mitarbeiter unterstützen soll. Das Hauptaugenmerk seiner Tätigkeit dürfte sich nun auf die Förderung des allgemeinen Arbeitsverhaltens seiner Mitarbeiter wie insbesondere auch deren Akzeptanz der neuen Technologien richten. Daneben dürfte ihm auch eine ganze Reihe von Aufgaben der Personalführung verbleiben.

Insgesamt lässt sich daher festhalten, dass unter den skizzierten Bedingungen dieses Szenarios dem Industriemeister zunehmend personalorientierte Managementfunktionen obliegen. Er wird tendenziell zum *Personalmanager*. Dabei ist zu vermuten, dass seine Position innerhalb der betrieblichen Hierarchie nicht nur in Hinblick auf die Zahl seiner Mitarbeiter ausgeweitet, sondern auch aufgewertet wird.

Upgrading von Arbeit – der Meister als Prozessmanager

Ein zweites Szenario kann als *Upgrading von Arbeit* bezeichnet werden, d. h., es beschreibt eine Aufwertung von Tätigkeiten und Qualifikationen. Upgrading wird dabei als ein Prozess verstanden, der im Zuge von Industrie 4.0 tendenziell alle Beschäftigtengruppen erfasst. Als Gewinner des fortschreitenden Einsatzes digitalisierter Technologien werden allerdings jene Beschäftigtengruppen angesehen, die ohnehin schon über höhere Qualifikationen und Handlungsressourcen verfügen. Denn Upgrading setzt dabei zugleich voraus, dass gering qualifizierte Arbeiten weitgehend verschwinden bzw. substituiert werden: Konkret geht es beim Upgrading um den Auf- und Ausbau von IT-Kompetenzen, Medienkompetenzen und Prozessverantwortung in der Fertigung und Montage, aber auch in indirekten Bereichen wie der Arbeitsvorbereitung, der Produktionsplanung und der Qualitätssicherung sowie in der Logistik. Als weitgehend unabdingbar sind zudem alle Maßnahmen anzusehen, die auf eine (Re-)Qualifizierung und einen Kompetenzerwerb im Bereich extrafunktionaler Kompetenzen abzielen.

Arbeitsorganisatorisch impliziert dieses Upgradingszenario ein Muster, das mit Blick auf die Transformation und eine Dezentralisierung und Reintegration von zuvor getrennten Funktionen der Planung, Ausführung und Kontrolle gekennzeichnet ist. Digital gestützte, temporäre Projektorganisationen und Netzwerke ersetzen feste Organisations- und Managementstrukturen. Es kann daher auch von der Perspektive einer qualifikatorisch aufgewerteten, flexibel integrierten Arbeitsform gesprochen werden, die durch eine lockere Vernetzung unterschiedlich qualifizierter, aber gleichberechtigt agierender Beschäftigter gekennzeichnet ist, die weitgehend selbst organisiert und situationsbestimmt im digitalisierten Arbeits- und Produktionsprozess handeln. Diese Form der Arbeitsorganisation zeichnet sich durch ein hohes Maß an struktureller Offenheit, eine sehr begrenzte Arbeitsteilung, selbst organisierte Tätigkeiten und hohe Flexibilität aus.

In Hinblick auf den *Wandel der Meisterfunktionen* im Kontext dieses Szenarios sind Konsequenzen zu vermuten, die hohe Ähnlichkeiten mit jenen haben, die in der Vergangenheit im Zusammenhang mit der Einführung von Gruppenarbeit zu beobachten waren (z. B. [3]):

- Zum einen werden im Kontext des Hierarchieabbaus zentrale technisch-organisatorische Aufgaben und soziale Aufgaben der Leitung und Vermittlung an die Gruppen qualifizierter Arbeitskräfte delegiert. Das aufgewertete qualifizierte Personal ist nun weitgehend unabhängig von der konkreten Form der Arbeitsorganisation in der Regel sowohl für die Organisation und Steuerung des Ablaufs, die technische Gewährleistung wie aber auch die Personalführung weitgehend autonom verantwortlich. Der Meister kann hierbei allenfalls noch von Fall zu Fall beratende Funktion haben.
- Zu anderen wird damit der Meister von seinen laufenden technischen, organisatorischen und sozialen Routinetätigkeiten deutlich entlastet. Perspektivisch entstehen damit Spielräume eines Neuzuschnitts der Meisterrolle, indem ihm eher strategische Aufgaben übertragen werden. Zu nennen sind hier etwa Aufgaben der Prozessoptimierung, technologischen Innovation oder der langfristigen Personalplanung. Darüber hinaus können auch Aufgaben der prozessübergreifenden Abstimmung verschiedener Fertigungsbereiche Gegenstand der Meisteraufgaben werden. Daneben verbleiben ihm sicherlich auch ad hoc anfallende Anforderungen der Personalführung, Motivation und ggf. sogar Konfliktschlichtung.

Insgesamt lässt sich daher festhalten, dass unter den Bedingungen dieses Szenarios dem Industriemeister zunehmend prozessnahe Managementfunktionen obliegen. Er wird tendenziell zum *Prozessmanager* oder auch Betriebsingenieur. Voraussetzung hierfür ist allerdings, dass er eingebunden ist in den generell stattfindenden betrieblichen

Dezentralisierungsprozess und er Aufgaben seiner früheren Vorgesetzten aus dem Produktionsmanagement zugeteilt bekommt. Die Konsequenz ist, dass seine Position innerhalb einer reduzierten betrieblichen Hierarchie aufgewertet wird.

Polarisierung von Arbeit – der digitale Meister

Ein drittes Szenario kann als *Polarisierung von Arbeit* bezeichnet werden. Der Kern dieses Szenarios ist, dass mittlere Qualifikationsgruppen massiv an Bedeutung verlieren und sich daher zunehmend eine Schere zwischen komplexen Tätigkeiten mit hohen Qualifikationsanforderungen einerseits und einfachen Tätigkeiten mit niedrigem Qualifikationsniveau andererseits öffnet. Denn durch den Einsatz digitaler Technologien wird zunehmend eine Automatisierung und auch eine Entwertung der Jobs mittlerer Qualifikationsgruppen Platz greifen. Daher werden einfache Tätigkeiten auch kaum durch Automatisierung tendenziell verschwinden, vielmehr bleiben vielfach einfache Tätigkeiten erhalten, und es entstehen neue einfache Tätigkeiten mit niedrigen Qualifikationsanforderungen. Auf der anderen Seite werden bestimmte Facharbeiten aufgewertet und zunehmend mit hoch qualifizierter Gewährleistungs- und Entwicklungsarbeit verschmolzen. Arbeitsorganisatorisch impliziert dies eine fortschreitende Ausdifferenzierung von Tätigkeiten und Qualifikationen „nach oben“ und „nach unten“ in Form einer polarisierten Arbeitsform.

So entsteht vielfach bei der Einführung digitaler Planungs- und Steuerungssysteme etwa im Kontext intelligent vernetzter Logistik- und Montagesysteme eine ausdifferenzierte Tätigkeitsstruktur zwischen einerseits anspruchsvollen, qualifizierten Tätigkeiten, die systemübergreifende Steuerungs- und Kontrollaufgaben übernehmen, und andererseits abgewerteten Fachtätigkeiten bzw. verbliebenen einfachen Tätigkeiten. Die Erosion der mittleren Qualifikationsgruppen und insbesondere die Seite ihrer Dequalifizierung ist Folge einer arbeitsorganisatorisch restriktiven Auslegung dieser Systeme. Viele Tätigkeiten werden relativ problemlos arbeitsteilig in Teiloperationen zerlegt und vereinfacht sowie mit restriktiven Arbeitsvorgaben, die kaum noch Handlungsspielräume erlauben, versehen. Es kann daher auch von neu entstehender digitaler Einfacharbeit gesprochen werden.

In Hinblick auf den *Wandel der Meisterfunktionen* lassen sich im Kontext dieses Szenarios zwei gegenläufige Hypothesen formulieren:

- Zum einen wird die Meisterfunktion auf der Ebene der aufgewerteten Qualifikationen, d. h. der hier erwartbaren Ausweitung qualifizierter Expertentätigkeiten, verschwinden.
- Zum anderen entstehen auf der Ebene der abgewerteten, nun nur noch ausführenden Funktionen neue Anforderungen an eine gewandelte Rolle unmittelbarer Produktionsvorgesetzter bzw. Meister.

So handelt es sich bei den auf der Ebene der aufgewerteten Qualifikationen auszuführenden Aufgaben und Tätigkeiten mehrheitlich, wie angedeutet, um qualifizierte

Expertentätigkeiten der Planung, Steuerung, Gewährleistung und Systemsicherung. Als indirekte Tätigkeiten sind sie zumeist relativ autonom innerhalb flacher Hierarchien situiert und dem höheren Produktionsmanagement zugeordnet. Meisterpositionen entfallen damit weitgehend. Hingegen entfallen auf der abgewerteten Ebene durch die digital ermöglichte Standardisierung und deutlich optimierte Planung und Steuerung der Prozesse weitgehend die unmittelbaren arbeitsplatzbezogenen technisch-organisatorischen Gewährleistungsaufgaben der Meister. Jedoch gewinnt hier die Notwendigkeit einer organisatorischen betriebsübergreifenden Abstimmung einzelner Bereiche durch die Meister eine wohl wachsende Bedeutung. Zudem werden die verschiedensten Leitungsfunktionen der Meister im Kontext dieser neu entstehenden digitalen Einfacharbeit keineswegs an Bedeutung verlieren, möglicherweise sogar ausgeweitet. Dieser neu entstandene Meistertypus kann auch als *digitaler Meister* bezeichnet werden. In Hinblick auf seine Leitungsfunktionen hat dieser Typus durchaus Ähnlichkeiten mit der Meisterrolle in einem traditionellen tayloristisch strukturierten Industriebetrieb.

Flexibilisierung und Entgrenzung von Arbeit – die Erosion der Meisterfunktion
Ein weiteres Szenario der Digitalisierung industrieller Arbeit kann als *Flexibilisierung und Entgrenzung von Arbeit* in zeitlicher, organisatorischer und räumlicher Hinsicht gefasst werden. Diese sind Moment einer digitalen Transformation betrieblicher und überbetrieblicher Arbeits- und Wertschöpfungsprozesse infolge der Nutzung vernetzter Planungs- und Steuerungssysteme und der Durchsetzung neuer Geschäftsmodelle und Kundenbeziehungen. Hinzu kommt ein vermehrter Einsatz internetbasierter Plattformtechnologien zur Koordination inner- und überbetrieblicher arbeitsteiliger Prozesse. Damit sind im Einzelnen durchaus unterschiedliche Konsequenzen für Tätigkeiten und Arbeitsstrukturen verbunden.

Im Hinblick auf den Wandel der Meisterrolle sind hierbei insbesondere die innerbetrieblichen Veränderungen von Relevanz. Den vorliegenden Forschungsergebnissen zufolge werden die existierenden mehr oder weniger zentralisierten Muster der Arbeitsorganisation und des Personaleinsatzes zunehmend reduziert und dezentralisiert. Eine Konsequenz ist, dass unternehmensübergreifend hochflexible und temporäre Projektorganisationen und Netzwerke an die Stelle fester, vor allem auch hierarchischer Organisations- und Managementstrukturen treten. Zudem ermöglichen die neuen Systeme eine digitale Echtzeitsteuerung der Prozesse und damit die Voraussetzung dafür, die früher sequenziellen und organisatorisch differenzierten Abläufe der Planung, Steuerung und Ausführung zu reintegrieren und steuerungstechnisch autonome Organisationssegmente zu schaffen. Damit eröffnen sich zugleich neue Potenziale für eine weitere Steigerung der funktionalen und zeitlichen Flexibilität der Arbeit. Im Kontext neuer Geschäftsmodelle und Kundenbeziehungen findet zudem eine Verschiebung und Öffnung von Unternehmensgrenzen und eine datengestützte Vernetzung mit Kunden und weiteren externen Partnern in sehr vielfältiger Weise statt. So können bisherige ausdifferenzierte Service-, Logistik- und Marketingfunktionen durch eine nun engere datengestützte Vernetzung unnötig werden. Umgekehrt aber können jetzt auch externe Logistikfunktionen zunehmend erweitert werden, indem sie bislang unternehmensintern ausgeführte Servicefunktionen übernehmen und damit einmal zum unverzichtbaren Bindeglied überbetrieblicher Vernetzung werden. Dies verweist auf einen generell möglichen Wandel der zwischenbetrieblichen Arbeitsteilung und Kooperation.

In diesem Kontext, so ist zu vermuten, wird die bekannte Meisterfunktion *weitgehend erodieren* und von der Bildfläche verschwinden. Denn Hierarchieabbau und organisatorische Entgrenzung führen dazu, dass die bisherigen zentralen Meisterfunktionen innerhalb der flexibel strukturierten Gruppen und Fertigungssegmente weitgehend autonom von qualifiziertem Personal ausgeführt werden. Führungsverantwortung innerhalb dieser fluiden Segmente wird flexibel gehandhabt und von den Beschäftigten ad hoc, je nach Aufgabe und Zielsetzung, gewählten Personen zugebilligt. Andere Leitungsfunktionen innerhalb der Segmente werden mit großer Wahrscheinlichkeit kollektiv von den Beschäftigten selbst durchgeführt. Übergreifende, nichtautomatisierte Koordinationsfunktionen obliegen dann spezialisierten Experten und Betriebsingenieuren, deren Tätigkeiten kaum mehr Ähnlichkeiten mit der bisherigen Meisterrolle aufweisen.

Fazit

Diese Hypothesen zum Wandel der Meisterfunktion bei Industrie 4.0 haben, wie angesprochen, tentativen Charakter. Sie beziehen sich zudem ausschließlich auf eine funktionale bzw. tätigkeitsorientierte Betrachtung möglicher Wandlungsprozesse. Nicht angesprochen wurden auch mögliche Konsequenzen in Hinblick auf einen Wandel von Qualifikationen und Kompetenzen von Meistern und die damit einhergehenden neuen Qualifizierungs- und Ausbildungsnotwendigkeiten. Schließlich müssen die skizzierten Wandlungstendenzen auf jeweils konkrete Produktions- und Unternehmenssituationen heruntergebrochen werden. Es muss nicht betont werden, dass zwischen Meisterfunktionen beispielsweise in der digitalisierten Prozessindustrie einerseits und roboterunterstützten Logistikprozessen andererseits große Unterschiede bestehen. Insgesamt bedürfen daher die Hypothesen zum Wandel der Meisterrolle einer weiteren Präzisierung und vor allem der empirischen Validierung.

Literatur

1. Acatech (2016a) Kompetenzen für die Industrie 4.0. Qualifizierungsbedarfe und Lösungsansätze (acatech POSITION, [2016.11]) Herbert Utz Verlag, München
2. Acatech (2016b) Kompetenzentwicklungsstudie Industrie 4.0. Erste Ergebnisse und Schlussfolgerungen. München https://www.acatech.de/publikation/kompetenzentwicklungsstudie-industrie-4-0-erste-ergebnisse-und-schlussfolgerungen/
3. Antoni CH (1994) Betriebliche Führungsstruktur im Wandel. Zur Rolle und Funktion von Meistern und Gruppensprechern im Rahmen von Gruppenarbeit. In: Antoni CH (Hrsg) Gruppenarbeit in Unternehmen. Konzepte, Erfahrungen, Perspektiven. Beltz, Weinheim, S 115–138

4. Bauer W, Gerlach S (Hrsg) (2015) Selbstorganisierte Kapazitätsflexibilität in Cyber-Physical-Systems. Abschlussbericht. Fraunhofer, Stuttgart
5. Brunoe TD, Nielsen K (2016) Complexity management in mass customization SMEs. Procedia CIRP 51:38–43. https://doi.org/10.1016/j.procir.2016.05.099
6. Brzoska S, Martinetz S, Wilke J, Schletz A, Baierl M, Ludwig F, Cathrin F, Jennifer B, Sabine K (2017) Praxisleitfaden Qualifizierung. Handlungsfelder und Gestaltungs ansätze einer dynamischen Personal- und Kompetenzentwicklung im digitalen Wandel. Bitkom e. V
7. Bughin J, Hazan E, Lund S, Dahlström P, Wiesinger A, Subramaniam, A (2018) Skill shift. Automation and the future of the workforce: McKinsey & Company (Discussion Paper)
8. Busse G (2014) Trendbericht: skill-Datenbanken. Hans-Böckler-Stiftung, Düsseldorf
9. Dengler K, Matthes B (2015) Folgen der Digitalisierung für die Arbeitswelt. Substituierbarkeitspotenziale von Berufen in Deutschland. IAB-Forschungsbericht 11/2015 (Institut für Arbeitsmarkt- und Berufsforschung der Bundesagentur für Arbeit, Hrsg). Nürnberg: Institut für Arbeitsmarkt- und Berufsforschung der Bundesagentur für Arbeit. http://doku.iab.de/forschungsbericht/2015/fb1115.pdf. Zugegriffen: 6. Juni 2019
10. Dengler K, Matthes B (2018) Substituierbarkeitspotenziale von Berufen. Wenige Berufsbilder halten mit der Digitalisierung Schritt. IAB Kurzbericht 04/2018 (Institut für Arbeitsmarkt- und Berufsforschung der Bundesagentur für Arbeit, Hrsg.). Nürnberg: Institut für Arbeitsmarkt- und Berufsforschung der Bundesagentur für Arbeit. http://doku.iab.de/kurzber/2018/kb0418.pdf. Zugegriffen: 6. Juni 2019
11. DIHK. (2014). Industriemeister, DIHK Deutscher Industrie- und Handelskammertag e.V. https://www.dihk.de/themenfelder/aus-und-weiterbildung/weiterbildung/weiterbildungsabschluesse/abschluesse/industriemeister. Zugegriffen: 26. Apr. 2019
12. DIHK (2018) Gemeinsam durchstarten mit höherer Berufsbildung. Ergebnisse der DIHK-Erfolgsstudie Weiterbildung 2018 (Stand September 2018). DIHK Verlag, Berlin
13. Dreyfus SE (2004) The five-stage model of adult skill acquisition. Bull Sci Technol Soc 24(3):177–181. https://doi.org/10.1177/0270467604264992
14. Enaux C, Henrich F (2011) Strategisches Talent-Management. Talente systematisch finden, entwickeln und binden (Kienbaum/bei Haufe). Haufe, Freiburg
15. Erpenbeck J (2004). Kompetenzdiagnostik und Entwicklung KODE. Informelles Lernen – Verfahren zur Dokumentation und Anerkennung im Spannungsfeld von individuellen, betrieblichen und gesellschaftlichen Anforderungen. Bonn
16. Fink A, Siebe A (2016) Szenario-Management. Von strategischem Vorausdenken zu zukunftsrobusten Entscheidungen. Campus, Frankfurt
17. Fischer J (1993) Der Meister: ein Arbeitskrafttypus zwischen Erosion und Stabilisierung. Campus, New York
18. Gartner I, (Statista GmbH, Hrsg) (2019) Internet der Dinge – Anzahl vernetzter Geräte weltweit bis 2020 I Prognose. https://de.statista.com/statistik/daten/studie/537093/umfrage/anzahl-der-vernetzten-geraete-im-internet-der-dinge-iot-weltweit/. Zugegriffen: 5. Juni 2019
19. Gausemeier J, Fink A, Schlake O (1995) Szenario-Management. Planen und Führen mit Szenarien. Hanser, München
20. Gausemeier J, Kage M (2017) Innovationsroadmapping am Beispiel der Additiven Fertigung. In: Möhrle MG, Isenmann R (Hrsg) Technologie-Roadmapping. Zukunftsstrategien für Technologieunternehmen (VDI-Buch), 4. Aufl. Springer Vieweg, Berlin, S 291–305
21. Godet M (1994) From anticipation to action. A handbook of strategic prospective (Future-oriented studies). Unesco Publ, Paris
22. Goerzig D, Bauernhansl T (2018) Enterprise architectures for the digital transformation in small and medium-sized enterprises. Procedia CIRP 67:540–545. http://www.sciencedirect.com/science/article/pii/S2212827117312039

23. Hirsch-Kreinsen H, Ittermann P, Niehaus J (2018) Digitalisierung industrieller Arbeit. Die Vision Industrie 4.0 und ihre sozialen Herausforderungen, 2. Aufl. Baden
24. Ittermann P, Niehaus J, Hirsch-Kreinsen H, Dregger J, Ten Hompel M (2016) Social manufacturing and logistic. Gestaltung von Arbeit in der digitalen Produktion und Logistik. Technische Universität Dortmund, Dortmund. (Soziologisches Arbeitspapier Nr. 47/2016)
25. Jacobs JC, Kagermann H, Spath D (2017) Arbeit in der digitalen Transformation. Agilität, lebenslanges Lernen und Betriebspartner im Wandel. Herbert Utz Verlag GmbH, München. (Ein Beitrag des Human-Resources-Kreises von acatech und der Jacobs Foundation – Forum für Personalvorstände zur Zukunft der Arbeit)
26. Jauch P (1997) Industriemeister und industrielle Reorganisation. Hampp, München (Zugl.: Tübingen, Univ., Diss., 1997)
27. Kay R, Holz M, Kranzusch P (2014) Mittelstand im globalen Wettbewerb. Internationalisierung als unternehmerische und wirtschaftspolitische Herausforderung; Gutachtem in Auftrag der Abteilung Wirtschafts-und Sozialpolitik der Friedrich-Ebert-Stiftung (Arbeitskreis Mittelstand). Bonn
28. Leopold TA, Ratcheva V, Zahidi S (2016) The future of jobs. Employment, skills and workforce strategy for the fourth industrial revolution. Köln (Global Challenge Insight Report)
29. Moser M (2018) Bedeutung von Soft Skills in einer sich wandelnden Unternehmenswelt. Eine Studie zu dem besonderen Stellenwert von Kompetenzen im Personalmanagement (Research). Springer Gabler, Wiesbaden
30. Niermeyer R (2007) Motivation. Instrumente zur Führung und Verführung (Kienbaum executive search, 2. Aufl. Haufe, Freiburg
31. Pfeiffer S, Lee H, Zirnig C, Suphan A (2016) Industrie 4.0 – Qualifizierung 2025. VDMA, Frankfurt a. M.
32. Reibnitz U (1992) Szenario-Technik. Instrumente für die unternehmerische und persönliche Erfolgsplanung, 2. Aufl. Gabler, Wiesbaden
33. Sauter W, Staudt A-K (2016) Kompetenzmessung in der Praxis. Mitarbeiterpotenziale erfassen und analysieren (essentials). Springer Gabler, Wiesbaden
34. Schmitz K (2003) Skill-Management: ein Trojanisches Pferd? In Computer-Fachwissen (7–8/2003). http://www.nim-online.de/downloads/service_literatur/cf7-8schmitz.pdf. Zugegriffen: 8. Apr. 2019
35. Springer R (1984) Strukturwandel von Meisterfunktionen. Ergebnisse einer Untersuchung in acht Betrieben des Maschinenbaus. In Hans-Böckler-Stiftung (Hrsg.), WSI-Mitteilungen (Jg. 37(9), Jg. 37(9) 1984, S. 545–550). Düsseldorf
36. Strauch A, Jütten S, Mania E (2009) Kompetenzerfassung in der Weiterbildung. Instrumente und Methoden situativ anwenden (Perspektive Praxis). wbv W. Bertelsmann Verlag, Bielefeld
37. Vladova G, Ullrich A, Gronau N (2017) Prozessbezogene Ableitung von Kompetenzen im Industrie 4.0-Kontext. In: Weinert N, Plank M, Ullrich A (Hrsg) Metamorphose zur intelligenten und vernetzten Fabrik. Ergebnisse des Verbundforschungsprojekts MetamoFAB. Springer Vieweg, Berlin, S 147–158
38. Vogler-Ludwig K, Kriechel B, Düll N (2016) Arbeitsmarkt 2030 – Wirtschaft und Arbeitsmarkt im digitalen Zeitalter. Prognose. W. Bertelsmann, Bielefeld
39. Weimer-Jehle W (2006) Cross-impact balances: A system-theoretical approach to cross-impact analysis. Technol Forecast Soc Chang 73(4):334–361. https://doi.org/10.1016/j.techfore.2005.06.005
40. Weinert N, Plank M, Ullrich A (Hrsg) (2017) Metamorphose zur intelligenten und vernetzten Fabrik. Ergebnisse des Verbundforschungsprojekts MetamoFAB. Springer Vieweg, Berlin

41. Windelband L (2014) Zukunft der Facharbeit im Zeitalter „Industrie 4.0“. Journal of Technical Education (JOTED) 2(2):138–160. http://www.journal-of-technical-education.de/index.php/joted/article/download/41/33
42. Wohlfart L, Schuele S, Masior J (2018) Integrated strategy development with future scenarios. Milan: R&D Management Conference 2018 „R&Designing Innovation: Transformational challenges for organizations and society“

Prozessmanagement für KMU

4

Thomas Knothe, Patrick Gering und Nicole Oertwig

Die Lösungen des Projekts JUMP 4.0 führen zu veränderten Strukturen, wie fertigende Unternehmen arbeiten. Prozesse sind integraler Bestandteil von Unternehmensstrukturen und sind es wert, gerade vor dem Hintergrund steigender Varianz von Produkten und Kundenanforderungen, genauer betrachtet zu werden. Bisher ist jedoch das Management von Prozessen in kleinen und mittleren Unternehmen (KMU) nur sporadisch thematisiert worden. Zur Einordnung werden in diesem Kapitel die Grundlagen zum Prozessmanagement unter der besonderen Berücksichtigung des Einsatzes bei KMU beschrieben und die JUMP-4.0-Lösungsbausteine zugeordnet. Wenn der Leser schon alles zum Prozessmanagement in KMU zu wissen glaubt, wird empfohlen, ab Abschn. 4.5 weiterzulesen.

4.1 Was sind Geschäftsprozesse und das Prozessmanagement?

Thomas Knothe

Geschäftsprozesse sind der „Klebstoff" zwischen Produkten, Organisationen und Rollen sowie unterstützenden Systemen in und zwischen Organisationen. Sie sind eine zusammengehörende Abfolge betrieblicher Vorgänge zum Zweck der Leistungserstellung. Das primäre Ergebnis des Geschäftsprozesses sind erbrachte Leistungen, die von einem internen oder externen Kunden angefordert und abgenommen werden (vgl. [13]).

T. Knothe (✉) · P. Gering · N. Oertwig
Fraunhofer-Institut für Produktionsanlagen und Konstruktionstechnik IPK, Geschäftsprozess- und Fabrikmanagement, Berlin, Deutschland

T. Knothe et al. (Hrsg.), *Die Digitalisierungshürde lässt sich Meister(n)*,
https://doi.org/10.1007/978-3-662-60367-3_4

Geschäftsprozesse …

- sind die Verkettung oder Vernetzung von Unternehmensaktivitäten,
- umfassen Arbeits-, Informations- und Entscheidungsprozesse,
- erfordern das Zusammenwirken von Menschen, Betriebsmitteln, Material, Methoden und Informationen,
- erzeugen Ergebnisse, die für den internen oder externen Kunden von Nutzen sind,
- können organisations- und unternehmensübergreifend sein.

Das Geschäftsprozessmanagement umfasst das Identifizieren, Dokumentieren, Gestalten, Implementieren, Ausführen, Überwachen und Verbessern von Geschäftsprozessen als Mittel zur prozessorientierten Unternehmensgestaltung (siehe Tab. 4.1).

Prozessmanagement existiert in jedem Unternehmen, also auch in KMU, die hierbei Prozessziele definieren, Prozesse identifizieren, definieren, einführen, ausführen, überwachen und verbessern. Der Unterschied liegt wie auch bei großen Unternehmen in dessen Systematik, Wirksamkeit und Effizienz.

4.2 Warum brauchen auch KMU ein systematisches Prozessmanagement?

Thomas Knothe

KMU sind oft prinzipalsgetrieben, was bedeutet, dass der geschäftsführende Unternehmer „alle Fäden“ in der Hand hält. Bei Vorliegen hinreichender Managementfähigkeiten des Unternehmers erscheint ein systematisches Prozessmanagement eigentlich nicht notwendig. Nach Prozessmanagement fragte vor 50 Jahren im typischen Meisterbetrieb niemand. Dem geneigten Leser wird es sicherlich schwerfallen, sich Herrn Meister Röhrich aus den *Werner*-Comicheften mit Begriffen wie Prozessüberwachung oder Kennzahlen vorzustellen. Die Anforderungen an den Unternehmenserfolg sind jedoch für KMU auch hinsichtlich ihrer Prozessbetrachtung gewachsen. Im Folgenden werden die wichtigsten Gründe für ein systematisches Prozessmanagement für KMU aufgeführt:

- Komplexe individualisierte Prozesse, bei denen eine übergreifende Statustransparenz erforderlich wird und die durch „Abfragen und Hinterherlaufen“ nicht mehr effizient umgesetzt werden können.
- Kunden erwarten auch von ihren KMU-Zulieferern eine Prozesstransparenz und -stabilität abseits des Personenbezugs. Heute müssen sich KMU unterschiedlichen Zertifizierungen unterwerfen, um am Markt teilnehmen zu können. Ein eingeführtes Prozessmanagementsystem ist dafür zumeist eine Voraussetzung.

Tab. 4.1 Aufgaben des Prozessmanagements

Aufgabe	Beschreibung
Identifizieren	Es werden bestehende oder erforderliche Prozesse erkannt und festgehalten. Dabei werden Abhängigkeiten zwischen einzelnen Prozessen z. B. in Form von In- und Outputs ermittelt. Weiterhin werden neu identifizierte Prozesse bestehenden Beschreibungen zugeordnet
Dokumentieren	Ziel des Dokumentierens ist eine transparente Beschreibung der Geschäftsprozesse so, dass möglichst alle Beteiligten ein gemeinsames Verständnis über die strukturellen Abläufe erlangen. Die Dokumentation erfolgt üblicherweise mithilfe von Prozessmodellen und wird dem Zweck (Gestalten, Implementieren und Verbessern) angepasst
Gestalten	Abläufe vom festgelegten Ausgangs- bis zum Endpunkt in ihrer optimalen Logik definieren, Organisationseinheiten und Verantwortliche für Prozesse und Schritte zuordnen, Dokumente, zu verwendende Instrumente wie Maschinen und IT-Systeme zuordnen. Spezifische Informationen entlang der Abläufe beschreiben (z. B. Regeln, Datenschnittstellen)
Implementieren	Entsprechend den Vorgaben der gestalteten Prozesse sind die erforderlichen Ressourcen (Organisationen, IT, Dokumente) zu befähigen und bereitzustellen. Kann einstufig (z. B. per „Big Bang") oder schrittweise erfolgen (z. B. über Pilotanwendungen). Dazu ist das Zusammenspiel aller Ressourcen zu trainieren
Ausführen	Geplante und ungeplante Aufgaben werden durch die Ausführung der definierten Prozesse erfüllt
Überwachen	Die Effizienz und die Effektivität der Prozesse sind anhand: • der Analyse von Leistungskennzahlen (z. B. Durchlaufzeiten) sowie • Audits, welche die Einhaltung der Vorgaben sicherstellen, zu überwachen Diese Überwachung ist entsprechend den Planungs- und Entscheidungshorizonten strategisch, taktisch und operativ umzusetzen. Weiterhin wird unter Überwachung auch die Steuerung von Verbesserungsmaßnahmen sowie der Implementierung neuer oder verbesserter Prozesse verstanden
Verbessern	Die Verbesserung von Prozessen schließt alle vorhergehenden Phasen ausgehend vom laufenden Betrieb ein. Hinzu kommt die vorgeschaltete Analyse anhand der Informationen aus der Prozessüberwachung

- Aufgrund des zunehmenden Fachkräftemangels sehen sich insbesondere KMU der Herausforderung gegenüber, dass Mitarbeiter Aufgaben übernehmen müssen, die früher Kollegen mit viel höherer Qualifikation und Erfahrung ausgeführt haben. Die neuen Mitarbeiter müssen daher besser, auch digital, unterstützt werden. Wo früher ein Zuruf gereicht hat, können prozessorientierte Assistenzsysteme die Erfahrungslücke (teilweise) kompensieren.

4.3 Besonderheiten des Prozessmanagements in KMU

Thomas Knothe

Für den Betrieb von Prozessmanagementsystemen gelten einige spezifische Randbedingungen, die insbesondere für KMU gelten.

Das Wissen und die Fähigkeiten zur *strategischen und taktischen Unternehmensführung* sind in der Regel eher unterdurchschnittlich repräsentiert, da der Fokus auf tangilen Aspekten des Tagesgeschäftes, wie z. B. der Produkt- und Servicebereitstellung, liegt. Da die Prozessorientierung generell ein Umdenken aus der Funktionsbetrachtung heraus erfordert, ist oft auch die Motivation gerade im Management sehr limitiert. In KMU besitzt das Management jedoch in der Regel die uneingeschränkte Umsetzungsmacht, sodass das Prozessdenken nur sehr langsam systematisch realisiert wird.

Typische Rollenkonzepte, wie die des Prozesseigners und -verantwortlichen mit klaren Abgrenzungen, wie sie in großen Unternehmen üblich sind, können *in KMU nur eingeschränkt angewendet werden.* Prozessmanagementrollen werden oft den Mitarbeitern einfach zusätzlich übertragen. Durch diese Rollenhäufungen gehen zwar einerseits kurze Abstimmungswege einher. Andererseits geraten die Arbeiten am Prozessmanagement dann oft aufgrund der höheren Priorität der Aufgaben im Tagesgeschäft in den Hintergrund. Der Vorteil für KMU besteht gerade in der Ausnutzung schneller persönlicher Abstimmungen anstatt formal definierter Vorgehensweisen. Systematische Prozessmanagementmethoden sollten diese Fähigkeiten unterstützen, anstatt mit einer Gleichschaltung die besonderen Fähigkeiten der KMU zu beschneiden. Dies geht einher mit der typischen Skepsis gegenüber dem Nutzen von modernen Managementsystemen. In diesem Kontext wird die *Einbeziehung der Mitarbeiter* im Rahmen des Prozessmanagements immer wieder besonders hervorgehoben. Hier besteht bei den Unternehmen der Konflikt, dass es bei KMU kaum Mitarbeiter in Stabsfunktionen gibt, die ein systematisches Prozessmanagement verantworten können. Administrative Tätigkeiten werden von direkt wertschöpfenden Mitarbeitern z. B. in der Produktion deshalb als störend empfunden. Andererseits fühlen sich laut Umfragen auch in wenig hierarchischen Unternehmen die Mitarbeiter zu wenig mitgenommen. Trotz einer Vielzahl von Changemanagementmethoden besteht hierbei eine Anwendungslücke.

Informationstechnik hat sich zu einem entscheidenden Wettbewerbsfaktor entwickelt, sei es sowohl zur Unterstützung der internen Prozesse als auch zur effizienten Vernetzung mit Geschäftspartnern und Kunden. Im Vergleich zu großen Unternehmen besitzen KMU in der Regel limitierte Humanressourcen mit hinreichenden IT-Kenntnissen. Gerade vor dem Hintergrund der Diversität der KMU können Standardangebote der IT-Dienstleister das Prozessmanagement nur ansatzweise hinreichend unterstützen. Gleichzeitig nimmt der Bedarf des Managements bei KMU zu, die Transparenz zu bestehenden Aufträgen und Fähigkeiten gerade vor dem Hintergrund komplexerer Prozesse zu verbessern.

4.4 Erfolgsfaktoren für ein erfolgreiches Prozessmanagement in KMU

Thomas Knothe und Nicole Oertwig

Frei nach Maxim Gorki: „Prozessmanagement muss für KMU genauso realisiert werden wie bei großen Konzernen, nur besser." Im Folgenden werden dafür spezifische Ansätze vorgestellt.

4.4.1 Einfache, aber durchgängige Strategie und Methodik

Einfache Prozessstrukturen sind für alle Unternehmen wichtig, in KMU sollten diese eher noch gröber definiert werden und dafür für die operative Anwendung agile Verfahren zur Prozessbearbeitung etabliert werden. Dafür eignen sich z. B. einfache Kanbanstrukturen und kurze Prozesskreisläufe. Zur Umsetzung agiler Verfahren sind drei strategische Komponenten wichtig.

1. Definition einer Prozessstrategie, die aus den Unternehmenszielen abgeleitet wird. Diese Strategie klärt das „Warum" des Prozessmanagementsystems des Unternehmens (z. B. besonders kurze Reaktionszeiten auf Kundenbedürfnisse sicherstellen). Dazu sind auch für KMU wenige Kennzahlen abzuleiten.
2. Einfache Prozessstruktur als Rahmen für das gemeinsame Prozessverständnis im gesamten Unternehmen, mit der auch die Zuordnung der Kennzahlen geklärt wird.
3. Geeignete Umfeldbeobachtung, mit der sowohl die Entwicklung des direkten Geschäftsfeldes wie Auftragseingänge und Kundenreaktionen betrachtet als auch die Trends im Markt überwacht und geeignete Alternativstrategien und Prozesse proaktiv entwickelt werden. Dies beugt insbesondere dem typischen Troubleshooting vor, welches in der Regel weder nachhaltig effektiv noch effizient ist.

Die in Abb. 4.1 dargestellte Prozessstruktur beinhaltet auf der obersten Ebene nur wenige Elemente, sodass ein Zurechtfinden einfach fällt. Auch die Unterstrukturen sind so definiert, dass einerseits ein gemeinsamer Rahmen eine Wiederholbarkeit und Routine ermöglicht und andererseits Prozesse nicht starr in kleinen Schritten abgearbeitet werden müssen.

Mithilfe agiler Aufgabenmanagementsysteme können diese Prozesse operativ „gelebt" werden. Dies ist am Beispiel eines Trello-Boards in Abb. 4.2 sichtbar.

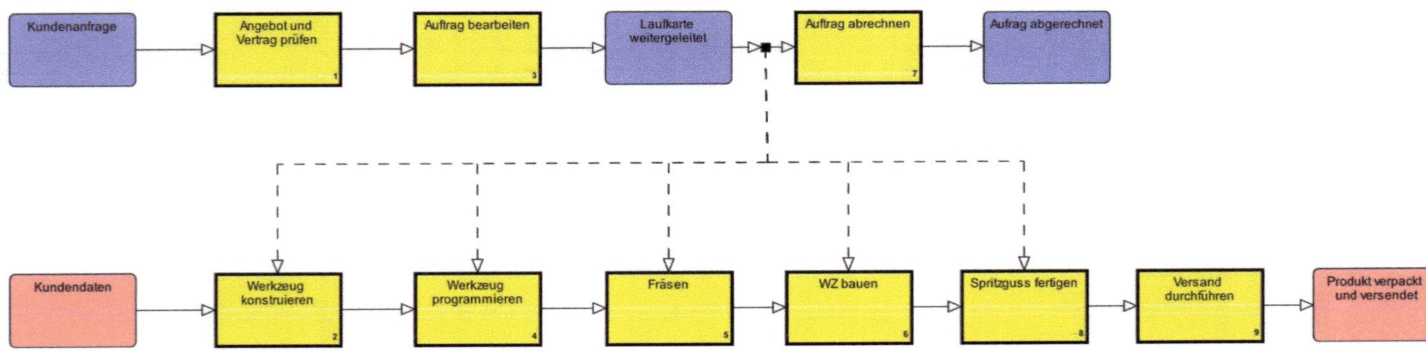

Abb. 4.1 Einfache oberste Prozessstruktur mit der Anwendung des Prozessassistenten als Rahmen für ein flexibles Prozessmanagement

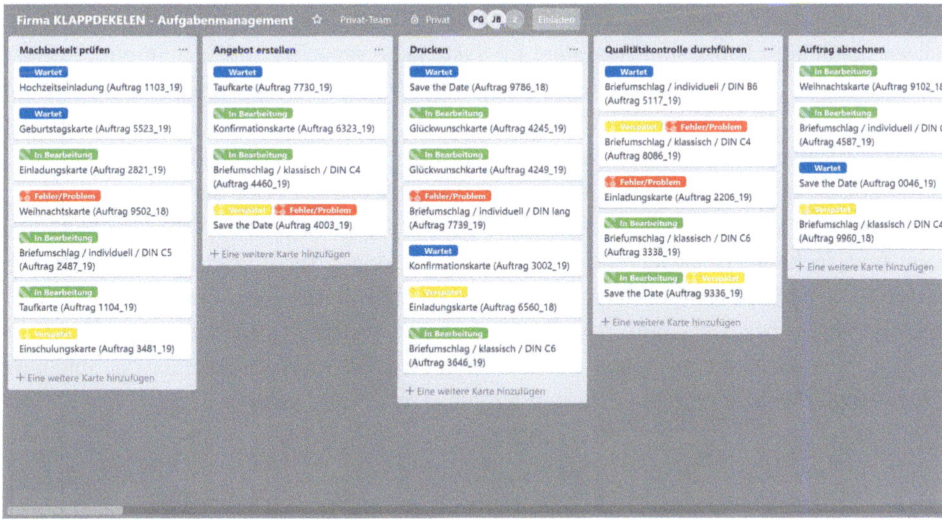

Abb. 4.2 Abgeleitetes agiles Aufgabenmanagement mithilfe von im Web verfügbaren Werkzeugen auf Basis der übergeordneten Prozessstrukturen

Solche sowohl top-down-strukturierte Prozessmodelle als auch bottom-up-synchronisierte operative Systeme vereinen mehrere Vorteile gerade für KMU:

- Einfacher und schneller Aufbau einer Prozessstruktur, mit der das Transparenzchaos von Zuständigkeiten und Abläufen schnell beseitigt werden kann.
- Nachvollziehbare Operationalisierung der Prozessstrukturen in kurzen Prozesszyklen und damit die Möglichkeit, auch schnell aus Fehlern zu lernen und diese abzustellen.
- Keine Installation von komplexen IT-Systemen erforderlich, viele Funktionen können aus frei verfügbaren Plattformen angewendet werden, für die keine aufwendigen Schulungen erforderlich sind. Wenn eine stabile Struktur entstanden ist, kann dann auch auf Bezahlsysteme mit einem erweiterten Funktionsumfang umgestiegen werden.
- Beim Fokus auf die Bearbeitung kleiner Prozesszyklen geht über das übergreifende Prozessmodell der Zusammenhang von Prozessobjekten und der Prozessvernetzung nicht verloren.

4.4.2 Flexible, jedoch konsistente IT-Unterstützung

Für die Abwicklung von Prozessen, die formaleren Ansprüchen genügen müssen, zum Beispiel in der Fertigung und der Anforderung zur genauen Nachverfolgung von Teilen oder eingesetzten Werkzeugen, ist der Einsatz von Fertigungsmanagementsystemen vorzuziehen. Hier sind gerade KMU im Dilemma, dass sie einerseits solche Funktionen, andererseits eine Flexibilität in ihren Abläufen sowie den Produkt- und Prozessparametern benötigen. Dazu sind modulare IT-Systeme vorgesehen, mit denen eine Anpassbarkeit an neue Anforderungen möglich wird. Dabei werden grundsätzlich zwei Ansätze verfolgt, die in Abb. 4.3 prinzipiell dargestellt sind.

Einerseits werden Module eingesetzt, die konform zu domänenspezifischen oder übergreifenden Standards arbeiten, wie der ISA 95 (ISA 95) [8] oder der VDI 5600 [15] – diese bilden in der Regel Businessfunktionen des Unternehmens ab. Andererseits sind mehr und mehr serviceorientierte Lösungen am Markt verfügbar, die kleingranulare Prozessfunktionen (Microservices) repräsentieren. Mit diesen Systemen erfolgt die Individualisierung über die Kombinatorik der Services entsprechend dem auszuführenden Prozess. Die Auswahl zwischen beiden Strategien ist insbesondere davon abhängig, inwieweit die Module über die Zeit stabiler gehalten werden können.

4.4.3 Einbindung der Mitarbeiter nach wenigen wirksamen Prinzipien

Es hat sich als sinnvoll gezeigt, die Einbeziehung der Mitarbeiter in den Aufbau und den Betrieb eines systematischen Prozessmanagements unter den folgenden Prinzipien zu realisieren:

- Schaffung einer Atmosphäre, in der die Mitarbeiter nicht „mitgenommen" werden müssen, sondern durch praktische Vorteile (das können auch ganz einfache Dinge sein, wie eine attraktivere Arbeitsumgebung) mitmachen „wollen". Dazu ist durch das Management insbesondere das „Warum" zu kommunizieren, denn dadurch können auch die zusätzlichen Belastungen der Mitarbeiter besser kompensiert werden.

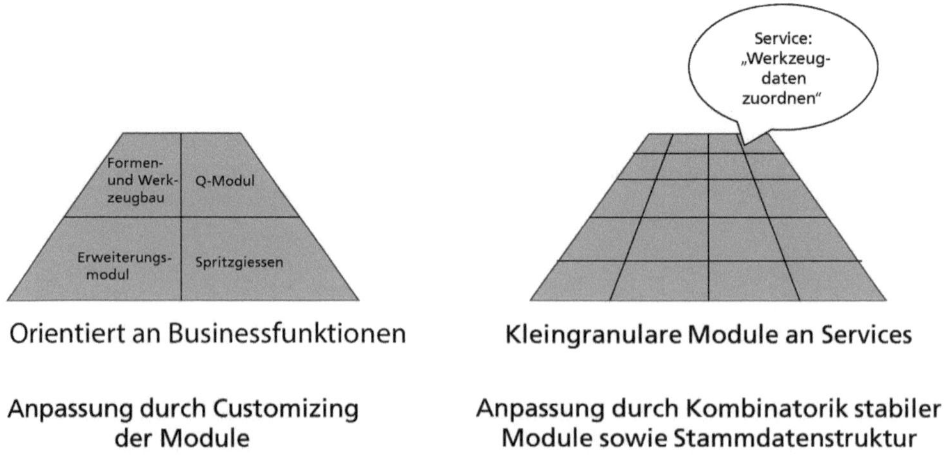

Abb. 4.3 Modularisierungsoptionen für Fertigungsmanagementsysteme

- Insbesondere bei der Umgestaltung der Arbeitsabläufe und evtl. eingesetzten SW-Systeme sollten die Mitarbeiter schon in der frühen Design- oder Anforderungsphase aktiv teilhaben und ihr Wissen zur Neugestaltung einbringen können. Dabei sollten speziell auch die Funktionalitäten, die unbedingt beizubehalten sind, mit aufgenommen werden.
- Realisierung eines Projektplans, bei dem die Mitarbeiter sehr früh Verbesserungen ihres Arbeitsalltages erleben können (max. drei Monate nach Projektstart).
- Gezielte Befähigung der Mitarbeiter entsprechend deren Aufgaben und Rollen im Prozessmanagement. Erfahrungen haben beispielsweise gezeigt, dass undifferenzierte Schulungen zur Prozessmodellierung der Mitarbeiter zu gegenteiliger Motivation führen.

Zum Einbezug der Mitarbeiter hat sich die Differenzierung von Projekttypen als geeignet erwiesen. In Abb. 4.4 sind die Anteile von Management und Mitarbeiter anhand von typischen Projekten im Rahmen des Prozessmanagements dargestellt.

Die Einführung von Lösungen im Bereich von Industrie-4.0-Lösungen fällt hierbei genau in die Felder des Prozessmanagements. So impliziert die Ausrichtung auf Dezentralität oder Plattformtechnologien zunächst eine strategische Entscheidung, bei der die Führungskräfte dominierend sind. Geht es jedoch um die technische Realisierung, sind vor allem die Mitarbeiter die Treiber zur Umsetzung, weshalb sie sowohl operativ als auch in der Planungs- und Entscheidungsphase eine aktive Rolle einzunehmen haben.

Abb. 4.4 Zusammenhang zwischen Projekttyp im Prozessmanagement und Einbezug der Mitarbeiter. (Nach [3])

4.5 Prozessmanagement in JUMP 4.0

Patrick Gering

Grundlage für die Entwicklungen in JUMP 4.0 waren Prozessbeschreibungen, die tlw. bereits vorhanden waren und im Rahmen des Projektes überprüft, ergänzt und aktualisiert wurden. Die Prozessbeschreibungen wurden in eine objektorientierte Modellierungssprache überführt und den Anwendungspartnern als integriertes Managementsystem (IMS) zur Verfügung gestellt. Ein prozessorientiertes IMS stellt Arbeitsabläufe verknüpft mit notwendigen Dokumenten, IT-System und Verantwortlichkeiten den Mitarbeitern einfach einseh- und nachvollziehbar zur Verfügung. Mit dem Fokus auf das Qualitätsmanagement befruchtet ein IMS gleichzeitig das Prozessmanagement. Dem „Demingkreis" (Plan-Do-Check-Act) folgend trägt ein IMS dem ständigen Verbesserungsprozess bei. Über interne Audits und Managementbewertungen werden die Prozesse üblicherweise regelmäßig überprüft und bieten die Ausgangsbasis für externe Audits [10]. So war es im Laufe des Projekts bei einem Anwendungspartner möglich, erfolgreich auf Basis der ersten Projektergebnisse nach der ISO 9001:2015 [2] zertifiziert zu werden.

Ein IMS ist jedoch nur bedingt für die Unterstützung in der Produktion geeignet und unterstützt nur durch statische Prozessbeschreibungen. In JUMP 4.0 wurden diese statischen Prozessbeschreibungen formalisiert und angereichert, um adäquat mittels neuer Softwarelösungen Produktionsprozesse planen und absichern zu können. Der Erfahrungsschatz des Meisters spielt hierbei eine zentrale Rolle (siehe Abb. 4.5).

4.6 Unternehmensmodellierung mit Beispiel IUM für auftragsspezifische Prozesse/MO^{2}GO

Thomas Knothe und Patrick Gering

Egal ob kleines Unternehmen mit spezialisierter Einzelfertigung oder losgrößenorientiertes Großunternehmen, die Organisation von komplexen Abläufen und Strukturen stellt jedes Unternehmen vor weitreichende Herausforderungen. Um diese Komplexität beherrschbar zu machen, nutzen Unternehmen seit Beginn der 1990er-Jahre die Unternehmens- und Geschäftsprozessmodellierung als wichtiges Instrument [5]. Die Modelle sollen dabei helfen, sowohl interne als auch unternehmensübergreifende Prozesse zu verstehen, um diese entsprechend analysieren und verbessern zu können. Eine sehr praxisnahe Modellierungsmöglichkeit ist die am Fraunhofer-Institut für Produktionsanlagen und Konstruktionstechnik entwickelte Methode zur objektorientierten Geschäftsprozessmodellierung (MO^{2}GO) [4]. Diese basiert auf der seit fast 30 Jahren erfolgreich verwendeten Methode zur Integrierten Unternehmensmodellierung (IUM), welche durch ihre spezielle Notation und Vorgehensweise eine schnelle, einfache und flexible Modellierung gewährleistet.

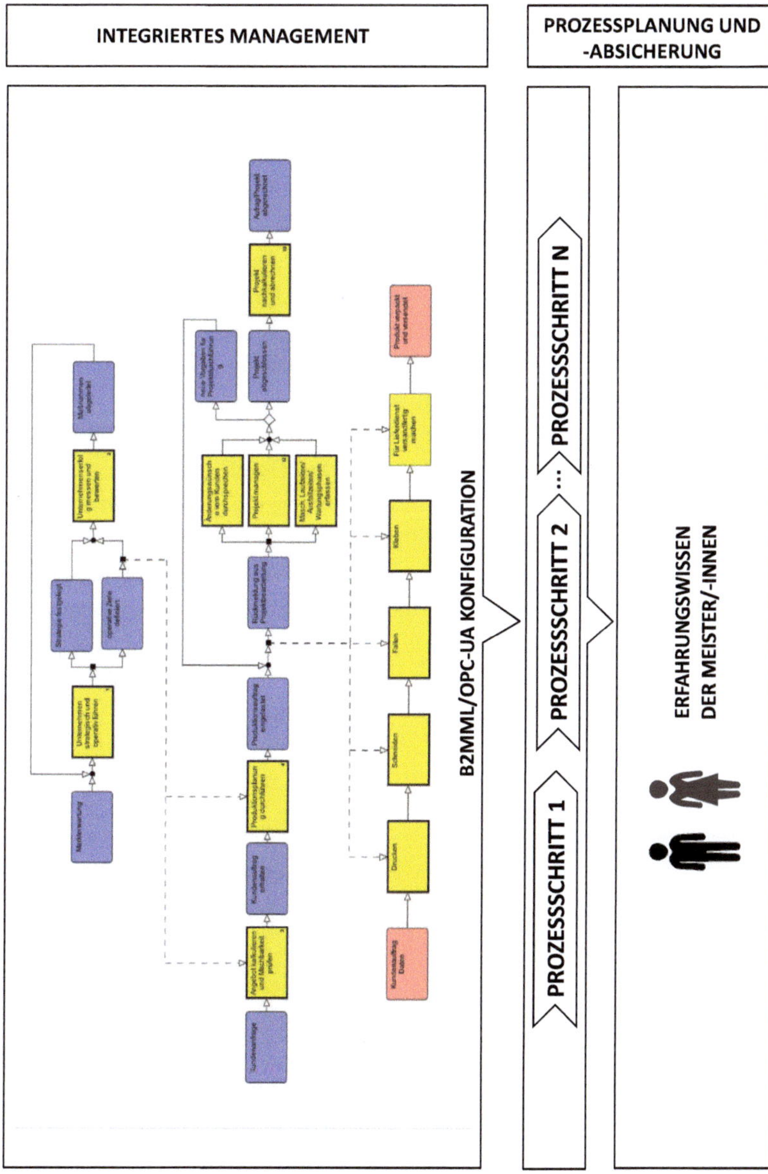

Abb. 4.5 Einordnung der JUMP-Lösungen zum Prozessmanagement für KMU

Ermöglicht wird dies durch die Verwendung eines objektorientierten Modellierungsansatzes, bei welchem ein Unternehmen auf Grundlage der drei generischen Klassen *PRODUKT, AUFTRAG* und *RESSOURCE* beschrieben werden kann. Die Klasse *PRODUKT* bezeichnet diesbezüglich sämtliche Objekte, an denen wertschöpfende Aktivitäten vollzogen werden. Dies umfasst den gesamten Lebenszyklus vom Rohteil bis zum Endprodukt. Die Klasse *AUFTRAG* beinhaltet sämtliche Objekte, die zur Steuerung, Planung und Überwachung der wertschöpfenden Prozesse benötigt werden, wie beispielsweise Kunden- und Produktionsaufträge. *RESSOURCEN* wiederum beschreibt sämtliche Objekte, die für die Leistungserstellung notwendig sind. Dies können sowohl organisatorische Elemente als auch Soft- oder Hardwarekomponenten eines Unternehmens sein. Die Einteilung in diese drei Basisklassen basiert auf der grundlegenden Annahme, dass die Produktion als Veränderung von Material (referenzierend auf Produkt) und Informationen (referenzierend auf Auftrag) beschrieben werden kann, für welche entsprechende Ressourcen zur Verfügung gestellt werden müssen. Weiterhin werden diese drei Klassen durch ein „Generisches Aktivitätsmodell" in Beziehung gesetzt, um entsprechende Prozesse zu beschreiben. Es beschreibt damit, wie Eingangsobjekte durch Aktivitäten in Ausgangsobjekte transformiert werden (Abb. 4.6). Damit eine solche Aktivität erfolgen kann, sind sowohl ein steuernder Auftrag als auch die Bereitstellung von ausführenden Ressourcen erforderlich. Durch die Verbindung von einzelnen Aktivitätsmodellen über Verknüpfungselemente ergeben sich Geschäftsprozessmodelle [14].

Daraus ergeben sich im Allgemeinen zwei Sichtweisen auf das Unternehmensmodell – die des Informationsmodells und die des Geschäftsprozessmodells (Abb. 4.7).

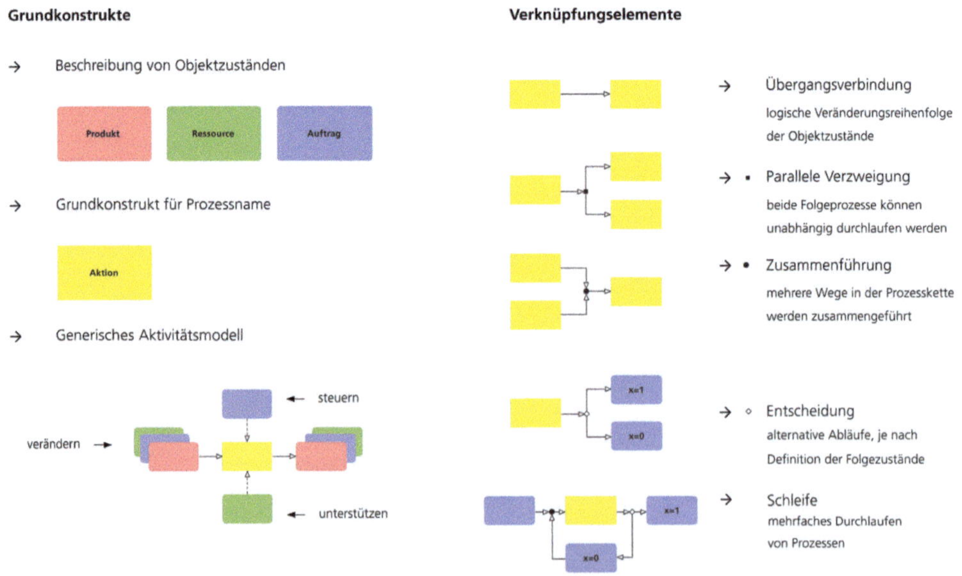

Abb. 4.6 Strukturen und Elemente der Integrierten Unternehmensmodellierung. (Nach [9])

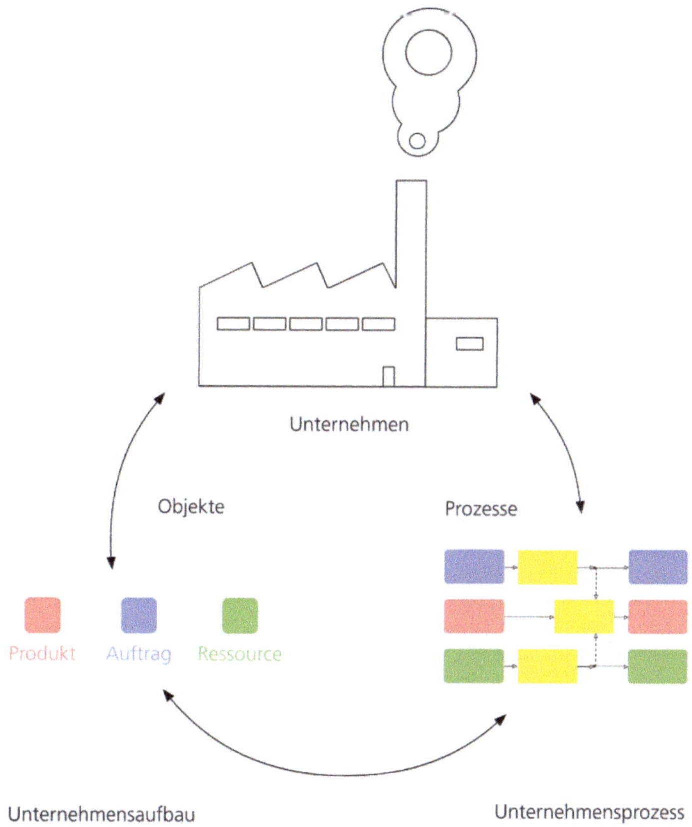

Abb. 4.7 Hauptsichtweise der Integrierten Unternehmensmodellierung. (Nach [9])

Das Informationsmodell beinhaltet das strukturierte Verzeichnis der Klassen und Objekte des Modells und damit auch deren Relationen und Eigenschaften. Das Geschäftsprozessmodell wiederum beschreibt die Prozesse des Unternehmens und deren Verbindung zueinander [12].

Durch die Verwendung von steuernden Auftragsklassen und wertschöpfenden Produktklassen ergibt sich weiterhin eine horizontale Trennung des Funktionsmodells in einen Informations- und einen Wertschöpfungsfluss (Abb. 4.8).

Eine weitere Besonderheit ist die hierarchische Betrachtungsweise des Modells, bei welcher das Gesamtsystem in Teilsysteme unterteilt wird, die durch unterschiedliche Ebenen zum Ausdruck gebracht werden. Diese auch als Dekomposition bezeichnete Möglichkeit der Darstellung bietet den Fachbereichen und damit dem Nutzer eine einfache Erkennung und Zuordnung von Zusammenhängen. Bei der Zerlegung der Prozesse in jeweilige Teilprozesse (Abb. 4.9) ist darauf zu achten, dass die Unterteilung nur so lange durchgeführt wird, bis die Handhabbarkeit des Teilprozesses sichergestellt ist, mithin also der Grad an Abstraktion für den Benutzer entsprechend heruntergebrochen

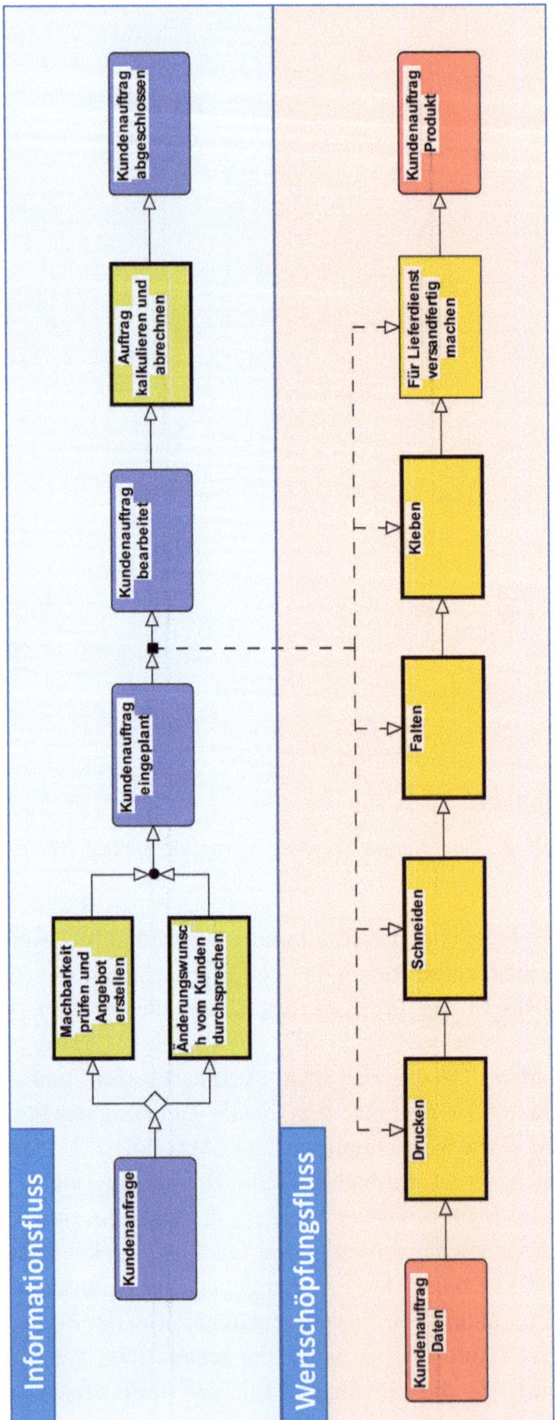

Abb. 4.8 Informations- und Wertschöpfungsfluss der Integrierten Unternehmensmodellierung

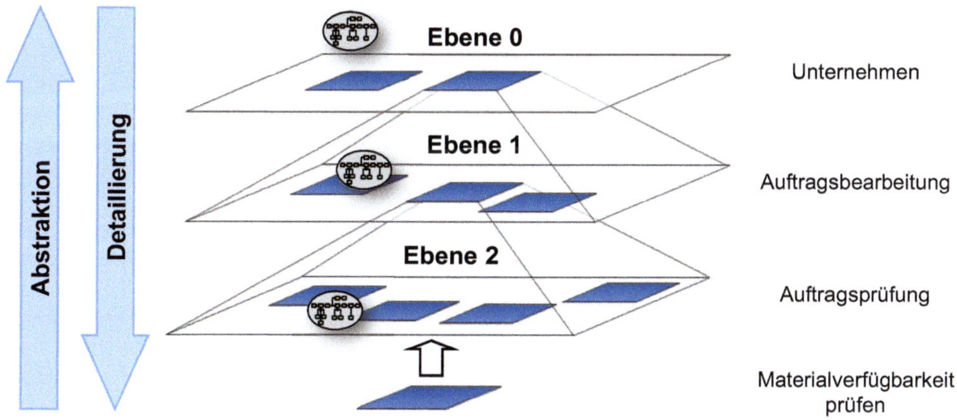

Abb. 4.9 Prozesshierarchisierung in MO²GO. (Nach [11])

wurde. Dies sollte allerdings nicht bis zur trivialsten Lösung ausgereizt werden, da sonst die Anzahl an Teilprozessen und Ebenen die Komplexität des Gesamtmodells unnötig erhöht. In der Praxis hat sich daher eine Anzahl von drei bis vier Modellebenen bewährt.

Dies verdeutlicht auch, dass die IUM keine organisatorische oder funktionale Sichtweise der Prozesse nutzt, sondern geprägt ist durch das Attribut der Integration. Dies bedeutet, dass Prozesse nicht den Organisationseinheiten zugewiesen werden, sondern im umgekehrten Maße die Organisationseinheiten als Ressource den jeweiligen Prozessen angegliedert werden. Für die Erstellung von Prozessmodellen hat dies den klaren Vorteil, dass durch die Festlegung eindeutiger Systemgrenzen (vom Eingangsobjekt bis zum Ausgangsobjekt) die notwendigen Zustände des Objektes einfach und schnell im Modell erfasst werden können. Dies zeigt sich besonders in Interviews mit Prozessverantwortlichen, bei denen parallel, durch die direkte Mitverfolgung des Prozesses, ein Prozessmodell entsteht. Darüber hinaus ermöglicht die Methode auch eine einfache Pflege von bestehenden Modellen, da im Falle von organisatorischen Umstrukturierungen die Modelle nicht unnötig kompliziert anzupassen sind, sondern einfach über die jeweiligen Ressourcenzuweisungen aktualisiert werden können.

Die oben genannten Besonderheiten bieten neben der reinen Prozessmodellierung auch die Möglichkeit zur Simulation und sogar zur realen Steuerung von Produktionsabläufen. Getestet wurde dies bereits an realen Demonstratoren, bei denen mithilfe des virtuellen Abbilds im Prozessmodell die reale Fertigung gesteuert werden konnte.

Die IUM entspricht damit auch dem internationalen Standard EN/ISO 19440 [1, 6] und wird weiterhin vollständig unterstützt durch das bereits erwähnte Unternehmensmodellierungstool MO²GO [4] und den Prozessassistenten (PA) [7].

Literatur

1. DIN EN ISO, 19440 (2009) DIN EN ISO 19440 – Unternehmensintegration – Konstrukte zur Unternehmensmodellierung (ISO 19440:2007). Beuth, Berlin
2. DIN EN ISO, 9001:2015 (2015) DIN EN ISO 9001:2015-11 – Qualitätsmanagementsysteme – Anforderungen (ISO_9001:2015); Deutsche und Englische Fassung EN_ISO_9001:2015. Beuth, Berlin
3. Emmerich H (1997) Erarbeitung von Konzepten zur Partizipation der Prozeßbeteiligten bei der Prozeßoptimierung. In GiPP (Hrsg), Ergebnisbericht im Rahmen der GiPP-Teilprojekte KV und KA
4. Fraunhofer IPK (2018) MO^{2}GO [Computer software]. Fraunhofer IPK, Berlin. https://moogo.ipk.fraunhofer.de/?page_id=43
5. Gaitanides M, Scholz R, Vrohlings A, Raster M (1994) Prozeßmanagement. Konzepte, Umsetzungen und Erfahrungen des Reengineering; mit 20 Tabellen. Hanser, München
6. Galeitzke M, Oertwig N, Orth R, Kohl H (2016) Process-oriented design methodology for the (Inter-) organizational intellectual capital management. In: Elsevier BV (Hrsg) 13th Global conference on sustainable manufacturing. Decoupling growth from resource use (Bd. 40, S 674–679). https://core.ac.uk/download/pdf/82051111.pdf. Zugegriffen: 8. Apr. 2019
7. Gering P (2015) Der Prozessassistent. https://prozessassistent.ipk.fraunhofer.de/. Zugegriffen: 8. Apr. 2019
8. ISA, 95. ISA 95 Standard. Eindhoven: ISA, European Office
9. Jäkel F-W (Fraunhofer-Institut für Produktionsanlagen und Konstruktionstechnik IPK) (Hrsg) (2005). IUM und MO2GO Kurzdarstellung. Geschäftsprozessmodellierung. https://moogo.ipk.fraunhofer.de/wp-content/uploads/2018/07/iem_and_moogo.pdf. Zugegriffen: 16. Mai 2019
10. Jochem R, Balzert S (Hrsg) (2010) Prozessmanagement. Strategien, Methoden, Umsetzung, 1. Aufl. Symposion, Düsseldorf
11. Knothe T (2011) Integration von Modellkonzeption und Management der Unternehmensmodellierung (Berichte aus dem Produktionstechnischen Zentrum Berlin). Fraunhofer Verlag, Stuttgart
12. Mertins K, Jochem R (1997) Qualitätsorientierte Gestaltung von Geschäftsprozessen, 1. Aufl. Beuth, Berlin
13. Scheer A-W, Jost W (Hrsg) (2002) ARIS in der Praxis. Gestaltung, Implementierung und Optimierung von Geschäftsprozessen. Springer, Berlin
14. Spur G, Mertins K, Jochem R (1993) Integrierte Unternehmensmodellierung (Entwicklungen zur Normung von CIM), 1. Aufl. Beuth, Berlin
15. VDI, 5600 (2007). VDI 5600. Düsseldorf

5 Modellierung mit MO²GO und Erzeugung eines IEC-konformen Datenoutputs

Hartmut Schweizer und Patrick Gering

Die Business To Manufacturing Markup Language (B2MML) [5] ist eine XML-Implementierung der IEC-62264-Spezifikation in Form von XML-Schemata, welche als Kopplung zwischen ERP und Materialwirtschaft (Supply Chain) und zur Fertigungsebene ausgelegt ist. Im Teil 2 der IEC 62264 sind Objekte und Attribute für die Integration von Unternehmensführungs- und Leitsystemen definiert [1], die für die vorliegende Arbeit von besonderer Relevanz sind. Dies beinhaltet u. a. die Ressourcentypen *Personnel, Equipment,* Material und *PhysicalAsset* und den Prozesstyp *ProcessSegment.* Im Folgenden wird für die Ressourcen exemplarisch das Equipmentmodell (Abb. 5.1) sowie das Prozesssegmentmodell (Abb. 5.2) näher erläutert. Im Anschluss wird die Modellierung von B2MML-Objekten in MO²GO mithilfe von B2MML-Templates sowie die Transformation der Prozessabfolge von MO²GO zu B2MML mit XSLT beschrieben. Abschließend wird ein flexibles Technologiekonzept vorgestellt, welches die Integration von Expertenwissen von unterschiedlichen Benutzerrollen erlaubt und damit optimierte, dynamisch konfigurierbare Lösungen der Enterprise-IT bietet.

H. Schweizer (✉)
Institut für Angewandte Informatik, Technische Universität Dresden, Fakultät Informatik, Dresden, Deutschland

P. Gering
Fraunhofer-Institut für Produktionsanlagen und Konstruktionstechnik IPK, Geschäftsprozess- und Fabrikmanagement, Berlin, Deutschland

T. Knothe et al. (Hrsg.), *Die Digitalisierungshürde lässt sich Meister(n),*
https://doi.org/10.1007/978-3-662-60367-3_5

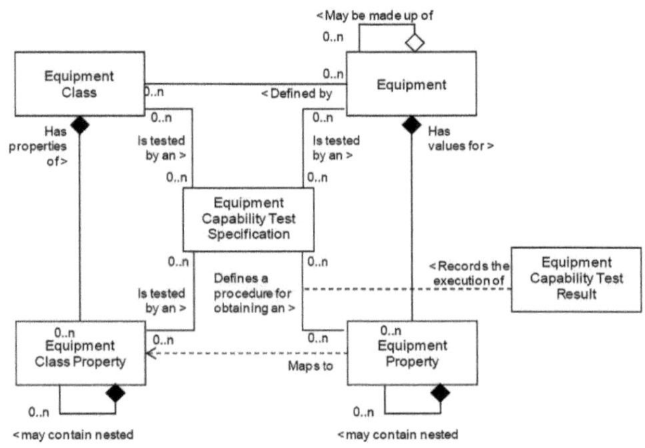

Abb. 5.1 Rollenbasiertes *Equipment*-Modell [1]

5.1 Das rollenbasierte *Equipment*-Modell der IEC 62264

Hartmut Schweizer

Jede *Equipment*-Ressource kann aus anderen *Equipment*-Ressourcen zusammengesetzt sein und aggregiert *Equipment*-Eigenschaften. Des Weiteren kann sie über eine oder mehrere *Equipment*-Klassen definiert werden, welche über beliebig viele eigene Klasseneigenschaften verfügen können. Für *Equipment-Ressourcen* und *Equipment*-Klassen sowie deren Eigenschaften können darüber hinaus Testspezifikationen definiert werden (Abb. 5.1).

Für die weiteren Ressourcenklassen *Personnel, Physical Asset* und *Material* sind äquivalente Modelle definiert [1].

5.2 Das Prozessmodell der IEC 62264

Hartmut Schweizer

Prozesssegmente in der IEC 62264 sind definiert als „kleinste Elemente von Manufacturing-Aktivitäten, die für Business-Prozesse sichtbar sind" [1]. Das Prozessmodell ist hierarchisch aufgebaut, d. h., jedes Prozesssegment kann weitere untergeordnete Prozesssegmente enthalten (Abb. 5.2). Die Abhängigkeiten der Prozesssegmente untereinander sind durch Referenzen in Form von *Process Segment Dependencies* realisiert. Alle Ressourcen können von Prozesssegmenten als Ressourcenspezifikationen über Referenzen aggregiert werden. Die Prozesse wiederum können mit *Operations-* oder *Product-Definition*-Segmenten korrespondieren [2]. Aufgrund des

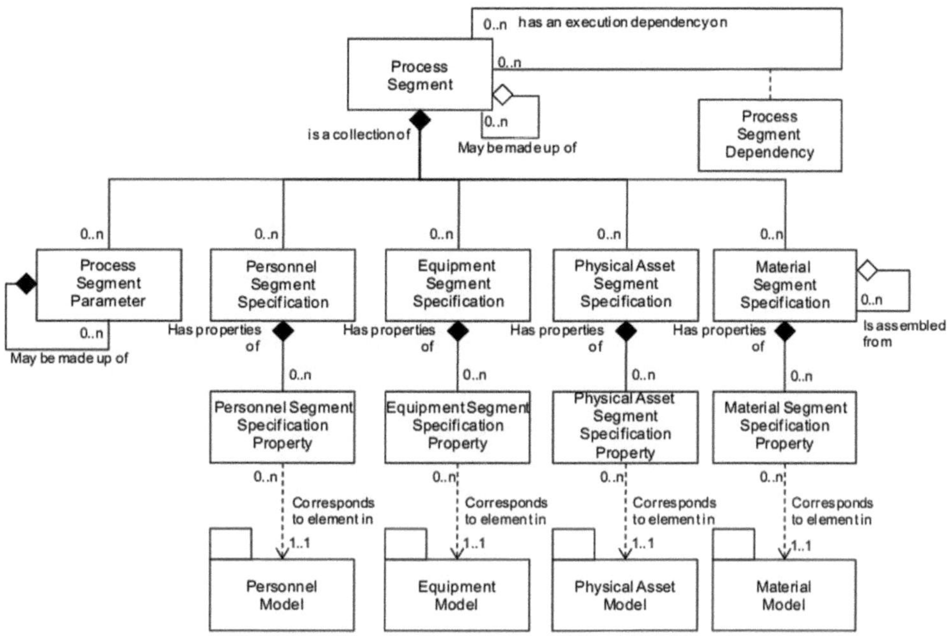

Abb. 5.2 Prozesssegmentmodell [1]

beschränkten Umfangs dieser Arbeit wird jedoch auf diese Modelle hier nicht weiter eingegangen.

5.3 Das Transaktionsmodell der IEC 62264

Hartmut Schweizer

In Teil 5 der IEC 62264 sind Transaktionen zum Informationsaustausch zwischen Applikationen der Geschäfts- und Applikationen der Fertigungsprozesse definiert [3]. Die umfangreichen Transaktionsspezifikationen sind ein Hauptgrund für die Nutzung von B2MML als Datenmodell im Projekt JUMP 4.0. Bei der Abbildung und Transformation von MO²GO auf B2MML ist insbesondere der Transaktionsmechanismus *GET/SHOW* von Bedeutung, weshalb hier auf diesen eingegangen wird (Abb. 5.3).

Das Transaktionsmodel für GET und SHOW ist das *PULL*-Transaktionsmodell. Es wird verwendet, wenn ein Nutzer eine Datenanfrage an einen Informationsanbieter stellt. Eine GET-Anfrage kann für ein konkretes Objekt über dessen ID gestellt werden oder mittels einer sogenannten Wildcard (*) für mehrere Objekte (Abb. 5.3).

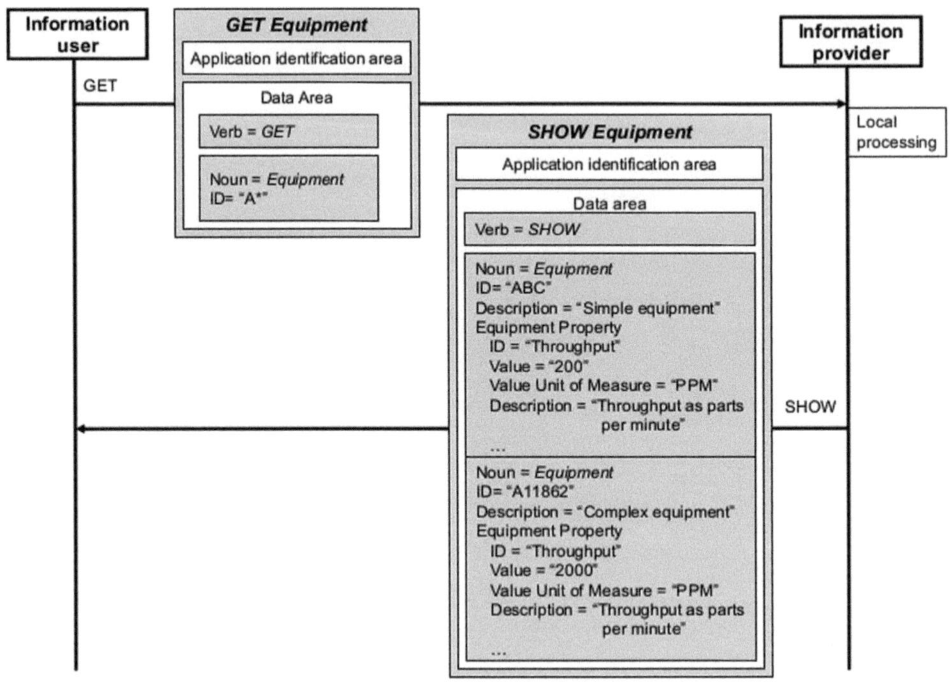

Abb. 5.3 Transaktion in IEC 62264 [3]

5.4 Die Basisdatentypen der IEC 62264

Hartmut Schweizer

Als primitive Datentypen sind in [1] folgende zur ISO 15000-5:2014 kompatible Typen definiert: *AmountType, BinaryObjectType, CodeType, DateTimeType, IdentifierType, IndicatorType, MeasureType, NumericType, QuantityType* und *TextType.* Von diesen sind alle weiteren in B2MML global verwendeten Datentypen wie z. B. *Description* abgeleitet. Aus diesen *Core-* und *CommonTypes* [5] bilden sich die Eigenschaften der Ressourcen und Prozesse wie z. B. die *EquipmentProperties* (Abb. 5.1).

5.5 Modellierung von B2MML-Objekten in MO^{2}GO

Hartmut Schweizer und Patrick Gering

Durch den Einsatz von MO^{2}GO zur Modellierung von B2MML-kompatiblen Prozessbeschreibungen werden die Vorteile beider Modelle genutzt. Mit MO^{2}GO können die Prozesse von einem geschulten Mitarbeiter mit Kenntnissen über die betriebsspezifischen

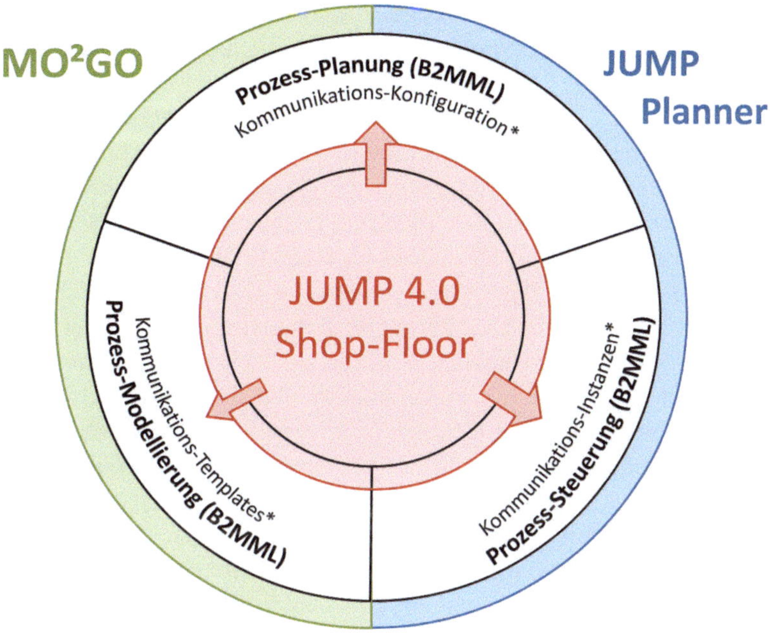

Abb. 5.4 Prozesslebenszyklus mit JUMP 4.0. (Nach [4])

produktionstechnischen Zusammenhänge modelliert werden. Durch die Transformation in B2MML liegen die Modelle in einem vielseitigen Transaktionsformat vor, in welchem sie nach Instanziierung durch eine entsprechende Software, im Projekt JUMP 4.0 ist dies der JUMP Planner [4], ebenfalls von einem geschulten Mitarbeiter konkretisiert und modifiziert werden können. Das firmenspezifische Fachwissen der Mitarbeiter auf Shopfloorebene kann so von der Prozessmodellierung über die Prozessplanung bis zur Prozesssteuerung in den kompletten Prozesslebenszyklus einfließen (Abb. 5.4).

5.6 B2MML-Templates in MO²GO

Hartmut Schweizer

Um MO²GO als Modellierungswerkzeug und B2MML als Datenmodell für eine ausführende Software und als Transaktionsformat nutzen zu können, ist es notwendig, eine konsistente Transformation von der MO²GO-Modellierung zu B2MML-Beschreibungsdaten sicherzustellen. Dazu werden die in B2MML implementierten IEC 62264-Spezifikationen äquivalent in MO²GO-Klassen modelliert (siehe auch Abb. 5.7). Im Folgenden werden die MO²GO-Klassenmodellierung der Ressourcenmodelle (*Equipment* etc.), des

Prozesssegmentmodells, des Operationsmodells, des Produktdefinitionsmodells sowie die Modellierung für die primitiven Basiselemente aus dem Core- und Common-Package von B2MML (siehe Abschn. 5.4) erläutert.

Die Templates für die Objekte der Klassen der vier Ressourcentypen *Equipment, PhysicalAsset, Material* und *Personnel* sind von der MO^2GO-Basisklasse *RESSOURCE* abgeleitet. Die Klassen für *ProcessSegment* und die zugehörigen Spezifikationen sind von der MO^2GO-Basisklasse *AKTION* abgeleitet (siehe auch Abb. 5.7). Das Äquivalent zu den Operationen im Teil 3 der IEC 62264 [2] bildet in MO^2GO die Basisklasse *AUFTRAG.* Auf die Basisklasse *PRODUKT* werden die Objekte des Produktdefinitionsmodells [1], Anhang A, abgebildet. Hier ergibt sich eine Einschränkung bezüglich des Mappings der beiden Modelle. In der IEC 62264 sind sowohl das Operations- als auch das Produktmodell genau wie das Prozessmodell und die Ressourcenmodelle hierarchisch aufgebaut. In MO^2GO gilt dies nur für Prozesse bzw. *AKTIONEN.* Im Fall der Ressourcen ist dies über eine Liste mit IDs der zugehörigen Teilressourcen lösbar. Für Operationen und Produktdefinitionen wird im Moment der Umweg der Verfeinerung der zugehörigen Prozesse gegangen, die die jeweilige untergeordnete Hierarchieebene bilden und denen dann entsprechend wieder alle anderen Spezifikationen zugeordnet werden können. Diesbezüglich ist von der Seite des Fraunhofer IPK angedacht, das Konzept der Hierarchisierung auf alle Basisklassen auszudehnen.

Die B2MML *CoreTypes* und *CommonTypes* bzw. ihre Attribute sind in MO^2GO in den entsprechenden Klassen ebenfalls als Attribute definiert. Dort, wo sich die beiden Modellierungen MO^2GO und B2MML in ihrer Restriktion unterscheiden, wurde jeweils die restriktivere Parameterdefinitionsvariante gewählt.

5.7 Beispielmodellierung in MO^2GO mit B2MML-Templates

Hartmut Schweizer und Patrick Gering

In Abb. 5.5 ist eine modellierte Prozesshierarchie in MO^2GO dargestellt. Bei dem Beispielszenario handelt es sich um den Geschäftsprozess einer Firma, die Kundenaufträge für kleine Serien von hoch personalisierten Briefumschlägen herstellt. Diese Briefumschläge werden für die Kunden extra entworfen und nach einer Machbarkeitsprüfung sowie Einarbeitung nachträglicher Änderungswünsche des Kunden in gewünschter Menge produziert. Die Kundenaufträge werden direkt zu den Endkunden geliefert. Die Prozesse auf der obersten Ebene sind jeweils auf weiteren, tiefer liegenden Ebenen detailliert, auf denen den einzelnen Prozessschritten die benötigten Ressourcen zugeordnet sind.

Die Prozesse (bzw. *AKTIONEN* gemäß der MO^2GO-Syntax) auf der obersten Ebene sind jeweils auf weiteren, tiefer liegende Ebenen detailliert, auf denen den einzelnen Prozessschritten die benötigten Ressourcen zugeordnet sind. Abb. 5.6 zeigt die Detaillierung des Prozesses „Änderungswunsch von Kunden durchsprechen“ aus Abb. 5.5.

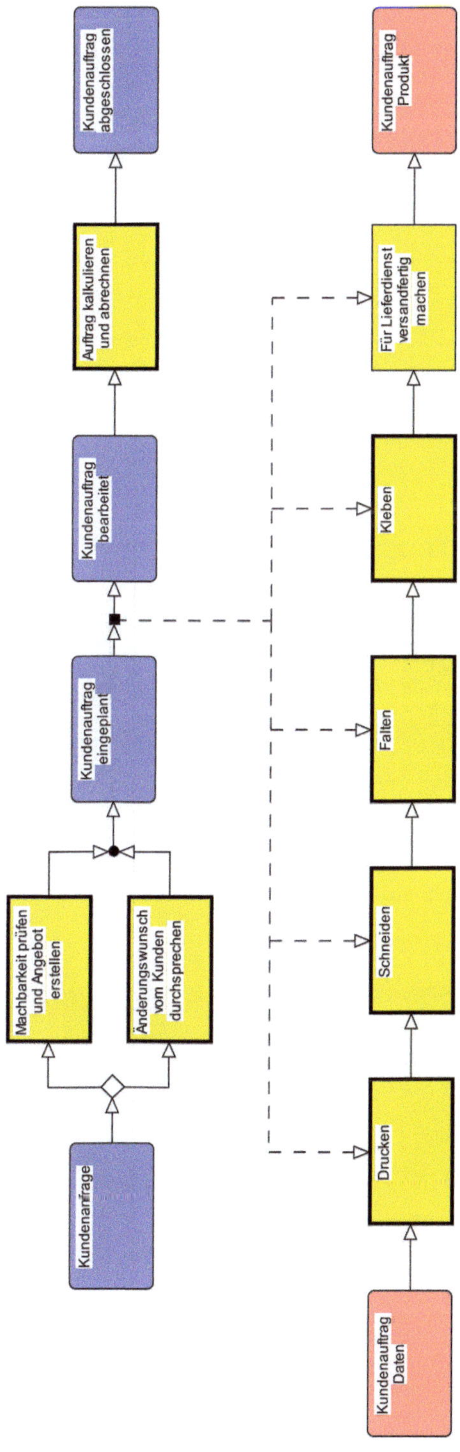

Abb. 5.5 Modellierte Prozesshierarchie in MO²GO

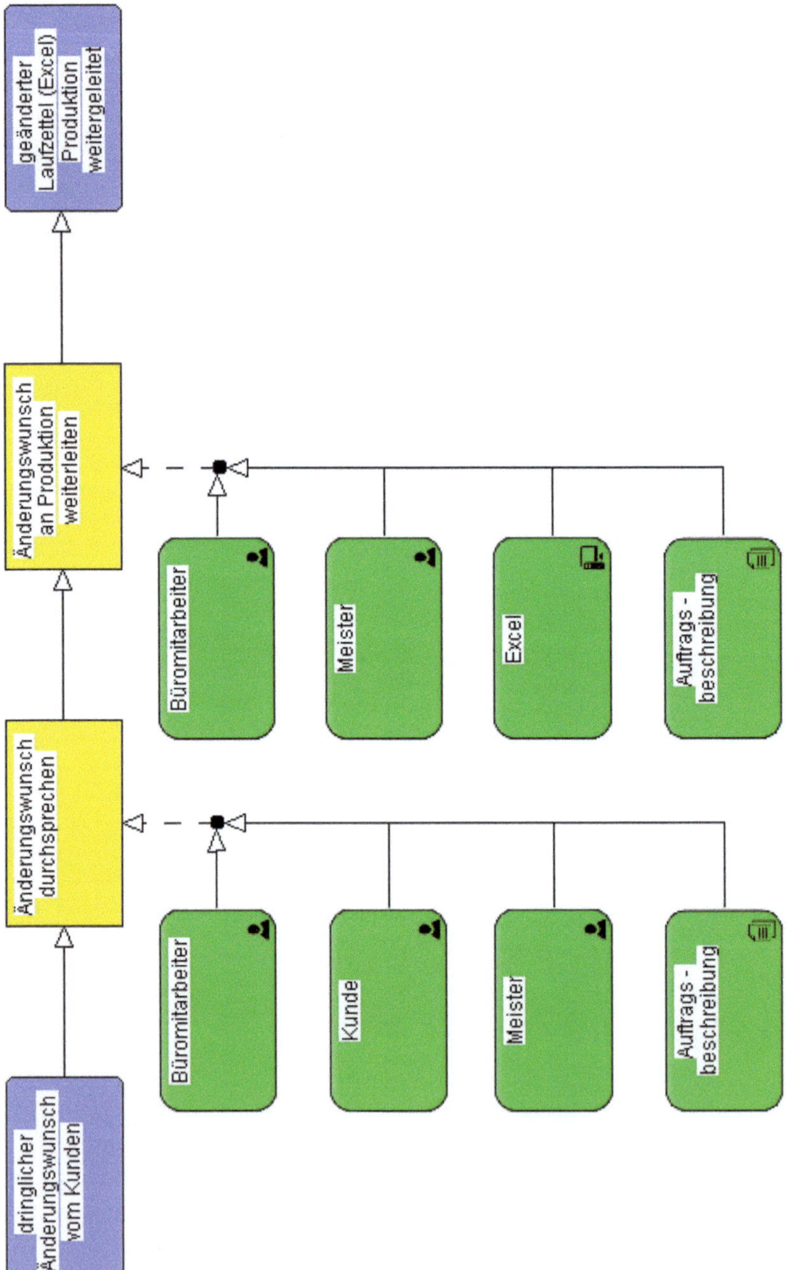

Abb. 5.6 Modellierter detaillierter Prozess in MO²GO

Den beiden Detailprozessen sind jeweils Ressourcen zugeordnet. Abb. 5.7 zeigt die MO²GO-Klassen-Templates für die B2MML-*ProcessSegment*-Spezifikation mit den spezifizierten Prozessen sowie die Modellierung der zugeordneten Ressourcen aus Abb. 5.6 und des Weiteren die Operationen- und Produkttemplates aus dem Modellierungsbeispiel in Abb. 5.5. Die Software „Excel" ist als B2MML-Klasse *Equipment* modelliert, die „Auftragsbeschreibung" als *PhysicalAsset*. Die zugeordneten Personenressourcen sind vom Typ *PersonnelClass*. Damit wird festgelegt, dass zur Durchführung des Prozesses unter anderem ein Mitarbeiter der Kategorie (bzw. Klasse) „Büromitarbeiter" benötigt wird, aber nicht welcher in Persona. Würde ein spezieller Mitarbeiter für den Prozess benötigt, würde man diesen als *Person* modellieren und zuordnen.

Durch Verwendung dieser Templates ist es möglich, in MO²GO mithilfe der IUM (siehe Abschn. 4.6) komplexe Prozessstrukturen zu modellieren und mit Ressourcen(-Definitionen) zu verknüpfen, die in B2MML transformierbar sind und damit in eine Software, die dieses Modell nutzt, eingelesen werden können.

5.8 Transformation der Prozessabfolge von MO²GO zu B2MML mit XSLT

Hartmut Schweizer

Die Transformation von der Prozessmodellierung in von einer Softwarelösung konsumierbare valide B2MML-Daten wird mit einer Extensible Stylesheet Language Transformation (XSLT) durchgeführt. Hierbei werden die in MO²GO modellierte Prozesshierarchie aus den MO²GO-B2MML-Klassen in B2MML-Prozesssegmente überführt, die zugeordneten Ressourcen in die entsprechenden Spezifikationen angegliedert und die Abhängigkeiten zwischen den einzelnen Prozessen als *SegmentDependencies* in den erstellten Prozesssegmenten hinterlegt. Für alle Objekte werden die in MO²GO generierten modellweit eindeutigen IDs in B2MML übernommen, um eine bidirektionale Zuordnung sicherzustellen.

5.8.1 MO²GO-Prozessbeschreibung

Abb. 5.8 zeigt einen Ausschnitt aus der MO²GO-Datei des Beispiels aus Abschn. 5.7. Der Codeausschnitt zeigt die Instanziierung des Prozesses „Änderung an Produktion weiterleiten". Zur Transformation nach B2MML wird aus der MO²GO-Datei mittels des Attributes *state.parent* über eine iterative Abfrage der jeweils direkten Elternklasse die Zugehörigkeit im MO²GO-Klassenbaum und damit zu den B2MML-Templates ermittelt. Des Weiteren werden über *state.slave* und *state.master* die Zugehörigkeiten

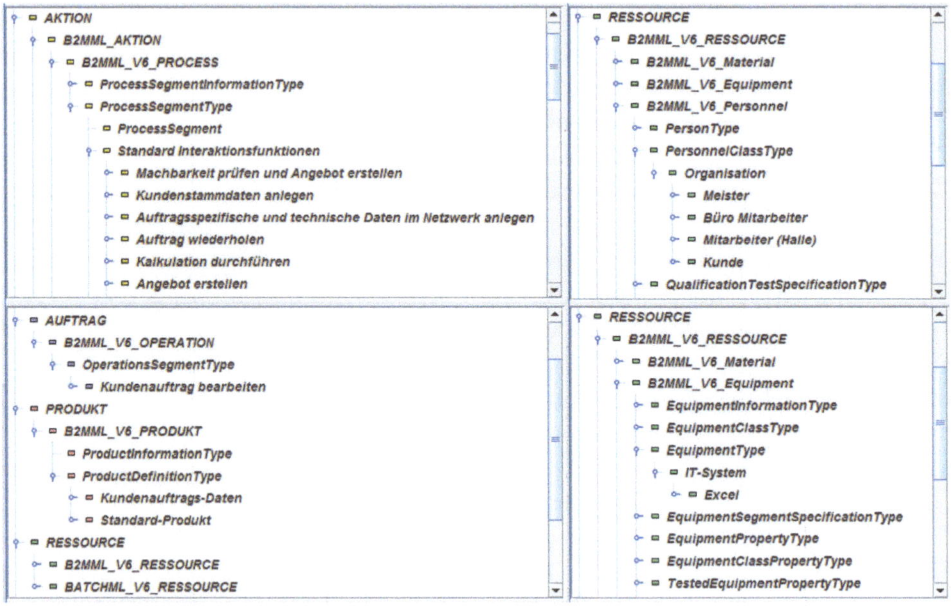

Abb. 5.7 Klassenmodelle in MO^{2}GO

zu den Hierarchieebenen ausgelesen. Die *iemStateAttributeSimpleData*-Elemente enthalten Parameterdefinitionen und deren aktuelle Belegung in der Instanz. Die *iemStateConnection*-Elemente repräsentieren die Verknüpfungen, aus ihnen lassen sich über die Attribute *Stream.type, Connect.type, Connect.with* und *Connect.with.id* zum einen die Prozessabfolgen bzw. -abhängigkeiten und zum anderen die Zuordnung der Ressourcen ermitteln.

5.8.2 B2MML-Prozessbeschreibung

Abb. 5.9 zeigt einen Ausschnitt aus einer generierten Prozesssegmentinformation in B2MML aus dem MO^{2}GO-Modell des detaillierten Prozesses aus Abb. 5.6.

Der Ausschnitt enthält die Prozessinformation für den konkretisierten Prozess „Änderungswunsch vom Kunden durchsprechen“, der sich wiederum aus zwei Unterprozessen zusammensetzt. Dem Unterprozess „Änderungswunsch an Produktion weiterleiten“ sind vier Ressourcen zugeordnet (zwei *PersonnelClass*-Objekte „Meister“ und „Büromitarbeiter“, das *PhysicalAsset* „Auftragsbeschreibung“ sowie das *Equipment* „Excel“). Die Ressourcen werden in B2MML über eine Referenz in Form der ID zugeordnet. Außerdem hat der Prozess eine *SegmentDependency* mit dem Parameter

```
<iemStateDescriptions State.name=
"Änderungswunsch an Produktion weiterleiten " State.ID=
"ID-51.0.2-93.0.1-100.0.1-592.0.1-589.0.1-588.0.1-7.0.1-0.0.1"
State.ElmID=
"51.0.2.{67D22163-C72A-4BF1-AD50-87288F8CF94D}"

State.Viewpoint=
"Auftrag"

State.GUID=
"{67D22163-C72A-4BF1-AD50-87288F8CF94D}"
 Action.key=
"" State.slave="" State.master="ID-1.0.2-92.0.1-100.0.1-592.0.1-589.0.1-588.0.1-7.0.1-0.0.1" State.parent=
"ID-93.0.1-100.0.1-592.0.1-589.0.1-588.0.1-7.0.1-0.0.1" State.type=
"Aktion">
<iemStateAttributeSimpleData Attribute.name=
"Beschreibung" Attribute.type=
"Text">
<domain>HTML</domain><value></value></iemStateAttributeSimpleData>
<iemStateAttributeSimpleData Attribute.name=
"Prozesseigner" Attribute.type=
"Text">
<domain></domain><value></value></iemStateAttributeSimpleData>
<iemStateAttributeList Attribute.name=
"Letzte Änderung">
<header><iemClassAttributeSimpleData Attribute.name=
"Datum" Attribute.type=
"text">
<domain>0</domain><value></value></iemClassAttributeSimpleData>
<iemClassAttributeSimpleData Attribute.name=
"Beschreibung" Attribute.type=
"text">
<domain>0</domain><value></value></iemClassAttributeSimpleData>
</header><row></row></iemStateAttributeList>
<iemStateConnection Stream.type="pass" Connect.type="input" Connect.with="action" Connect.with.id="ID-53.0.2-94.0.1-99.
><iemStateConnection Stream.type="pass" Connect.type="output" Connect.with="order" Connect.with.id="ID-462.0.2-4.0.1-0.
><iemStateConnection Stream.type="support" Connect.type="input" Connect.with="resource" Connect.with.id="ID-494.0.2-22.
><iemStateConnection Stream.type="support" Connect.type="input" Connect.with="resource" Connect.with.id="ID-58.0.2-18.0
><iemStateConnection Stream.type="support" Connect.type="input" Connect.with="resource" Connect.with.id="ID-27.0.2-17.0
><iemStateConnection Stream.type="support" Connect.type="input" Connect.with="resource" Connect.with.id="ID-63.0.2-20.0
><iemStateDocu
></iemStateDocu>
</iemStateDescriptions>
<iemStateDescriptions State.name=
"Für Lieferdienst versandfertig machen" State.ID=
"ID-8.0.2-48.0.1-101.0.1-592.0.1-589.0.1-588.0.1-7.0.1-0.0.1"
State.ElmID=
"8.0.2.{EC97F482-96B3-4269-8204-FB92202C4A03}"
```


Abb. 5.8 MO²GO Datensatzausschnitt

AfterEnd auf den vorhergehenden Prozess „Änderungswunsch durchsprechen" per zugehöriger Prozess-ID. Der Prozess „Änderungswunsch durchsprechen" aggregiert die drei beteiligten *PersonnelClass*-Objekte „Kunde", „Büromitarbeiter" und „Meister" sowie das *PhysicalAsset* „Auftragsbeschreibung".

Die zugehörigen Attribute (siehe Abb. 5.8) sind aus Platzgründen im Codeausschnitt nicht dargestellt. Zur Darstellung von Attributen siehe Abb. 5.10.

Die *ProcessSegmentInformation* ist als Transaktion des Typs „Show" codiert [3]. Für eine Konverterimplementierung, die die erstellten XSL-Transformationen nutzt, ist eine Kommunikation in der Form vorgesehen, dass der Konverter auf die *GetProcessInformation*-Anfrage einer Laufzeitumgebung für die komplette modellierte Prozesshierarchie reagiert und diese als *ShowProcessInformation* beantwortet (Abb. 5.9). Des Weiteren wurden die Transformationen für die Generierung der benötigten Informationen über die konkret instanziierten Ressourcen sowie die definierten Klassen aller Ressourcen implementiert (*ShowEquipment, ShowEquipmentClass, ShowMaterial* etc.). Diese werden zur Auflösung der Referenzen in der Prozessinformation benötigt.

```xml
<?xml version="1.0" encoding="utf-8"?>
<xsi:ShowProcessSegmentInformation releaseID="{CFC4363D-92C6-4887-B19D-C244E785078B}" xmlns:xsi="http://www.mesa.org/xml/B2MML-V0600">
  <xsi:ApplicationArea>
    <xsi:CreationDateTime>2019-05-30T09:00:00</xsi:CreationDateTime>
  </xsi:ApplicationArea>
  <xsi:DataArea>
    <xsi:Show />
    <xsi:ProcessSegmentInformation>
      <xsi:ProcessSegment>
      <xsi:ProcessSegment>
        <xsi:ID>ID-1.0.2-92.0.1-100.0.1-592.0.1-589.0.1-588.0.1-7.0.1-0.0.1</xsi:ID>
        <xsi:Description>Änderungswünsche vom Kunden durchsprechen</xsi:Description>
          <xsi:ID>noIDinMO2GO</xsi:ID>
          <xsi:Dependency>AfterEnd</xsi:Dependency>
          <xsi:ProcessSegmentID>ID-8.0.2-48.0.1-101.0.1-592.0.1-589.0.1-588.0.1-7.0.1-0.0.1</xsi:ProcessSegmentID>
        </xsi:SegmentDependency>
        <xsi:ProcessSegment>
          <xsi:ID>ID-51.0.2-93.0.1-100.0.1-592.0.1-589.0.1-588.0.1-7.0.1-0.0.1</xsi:ID>
          <xsi:Description>Änderungswunsch an Produktion weiterleiten </xsi:Description>
          <xsi:PersonnelSegmentSpecification>
            <xsi:PersonnelClassID>ID-58.0.2-18.0.1-15.0.1-160.0.1-157.0.1-102.0.1-5.0.1-0.0.1</xsi:PersonnelClassID>
            <xsi:Description>Büro Mitarbeiter</xsi:Description>
          </xsi:PersonnelSegmentSpecification>
          <xsi:PersonnelSegmentSpecification>
            <xsi:PersonnelClassID>ID-27.0.2-17.0.1-15.0.1-160.0.1-157.0.1-102.0.1-5.0.1-0.0.1</xsi:PersonnelClassID>
            <xsi:Description>Meister</xsi:Description>
          </xsi:PersonnelSegmentSpecification>
          <xsi:EquipmentSegmentSpecification>
            <xsi:EquipmentID>ID-63.0.2-20.0.1-14.0.1-183.0.1-178.0.1-102.0.1-5.0.1-0.0.1</xsi:EquipmentID>
            <xsi:Description>Excel</xsi:Description>
          </xsi:EquipmentSegmentSpecification>
          <xsi:PhysicalAssetSegmentSpecification>
            <xsi:PhysicalAssetID>ID-494.0.2-22.0.1-14.0.1-183.0.1-178.0.1-102.0.1-5.0.1-0.0.1</xsi:PhysicalAssetID>
            <xsi:Description>Auftragsbeschreibung</xsi:Description>
          </xsi:PhysicalAssetSegmentSpecification>
          <xsi:SegmentDependency>
            <xsi:ID>noIDinMO2GO</xsi:ID>
            <xsi:Dependency>AfterEnd</xsi:Dependency>
            <xsi:ProcessSegmentID>ID-53.0.2-94.0.1-99.0.1-592.0.1-589.0.1-588.0.1-7.0.1-0.0.1</xsi:ProcessSegmentID>
          </xsi:SegmentDependency>
        </xsi:ProcessSegment>
        <xsi:ProcessSegment>
          <xsi:ID>ID-53.0.2-94.0.1-99.0.1-592.0.1-589.0.1-588.0.1-7.0.1-0.0.1</xsi:ID>
          <xsi:Description>Änderungswunsch durchsprechen </xsi:Description>
          <xsi:PersonnelSegmentSpecification>
            <xsi:PersonnelClassID>ID-120.0.2-27.0.1-15.0.1-160.0.1-157.0.1-102.0.1-5.0.1-0.0.1</xsi:PersonnelClassID>
            <xsi:Description>Kunde</xsi:Description>
          </xsi:PersonnelSegmentSpecification>
          <xsi:PersonnelSegmentSpecification>
            <xsi:PersonnelClassID>ID-58.0.2-18.0.1-15.0.1-160.0.1-157.0.1-102.0.1-5.0.1-0.0.1</xsi:PersonnelClassID>
            <xsi:Description>Büro Mitarbeiter</xsi:Description>
          </xsi:PersonnelSegmentSpecification>
          <xsi:PersonnelSegmentSpecification>
            <xsi:PersonnelClassID>ID-27.0.2-17.0.1-15.0.1-160.0.1-157.0.1-102.0.1-5.0.1-0.0.1</xsi:PersonnelClassID>
            <xsi:Description>Meister</xsi:Description>
          </xsi:PersonnelSegmentSpecification>
          <xsi:PhysicalAssetSegmentSpecification>
            <xsi:PhysicalAssetID>ID-494.0.2-22.0.1-14.0.1-183.0.1-178.0.1-102.0.1-5.0.1-0.0.1</xsi:PhysicalAssetID>
            <xsi:Description>Auftragsbeschreibung</xsi:Description>
          </xsi:PhysicalAssetSegmentSpecification>
        </xsi:ProcessSegment>
      </xsi:ProcessSegment>
      <xsi:ProcessSegment>
```


Abb. 5.9 Generierte Prozesssegmentinformation in B2MML aus MO²GO

5.8.3 B2MML-Ressourcenbeschreibung

Abb. 5.10 zeigt die *ShowEquipment*-Information mit dem Equipment „Excel", das in dem Prozess „Änderungswunsch an Produktion weiterleiten" über seine ID referenziert ist (Abb. 5.9). Im *Equipment* „Excel" sind die *EquipmentProperties* „Version" und „Lizenz" definiert, die *Values* mit den *ValueStrings* „Microsoft Office 2013" und „Firmenlizenz" enthalten. Es handelt sich hierbei um die Transformation von Textattributen, die im MO²GO-Modell für die entsprechende B2MML-Templateressource „Excel" deklariert sind.

Abb. 5.11 zeigt die *ShowPersonnelClass*-Information mit den referenzierten Personenklassen „Meister", „Kunde" und „Büromitarbeiter" in dem Prozess „Änderungswunsch durchsprechen". Hier könnten äquivalent zu den Attributen in der

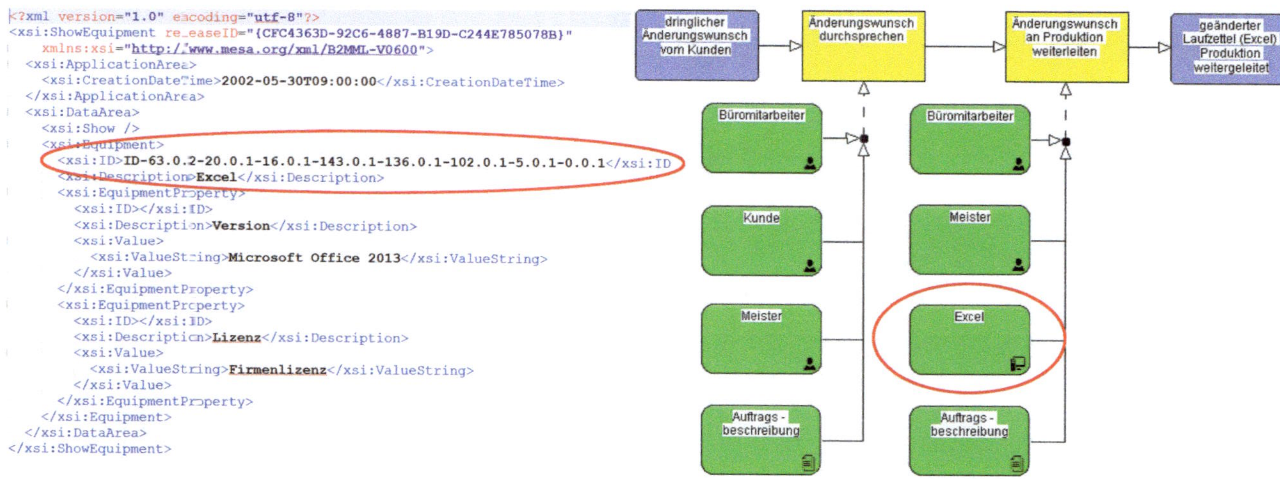

Abb. 5.10 Generierte Equipmentinformation in B2MMLaus MO²GO

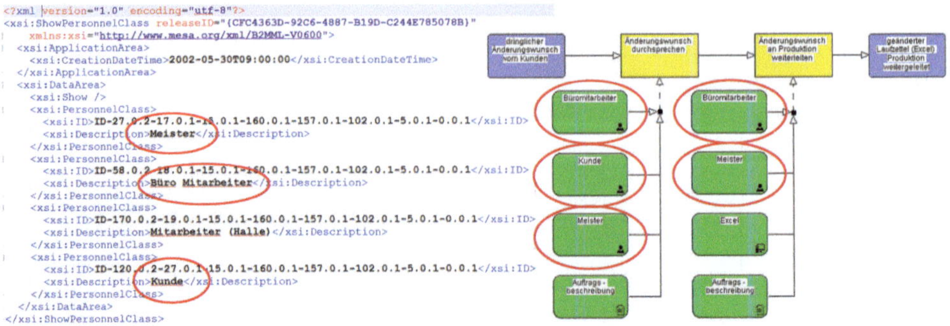

Abb. 5.11 Generierte *PersonnelClass*-Information in B2MMLaus MO²GO

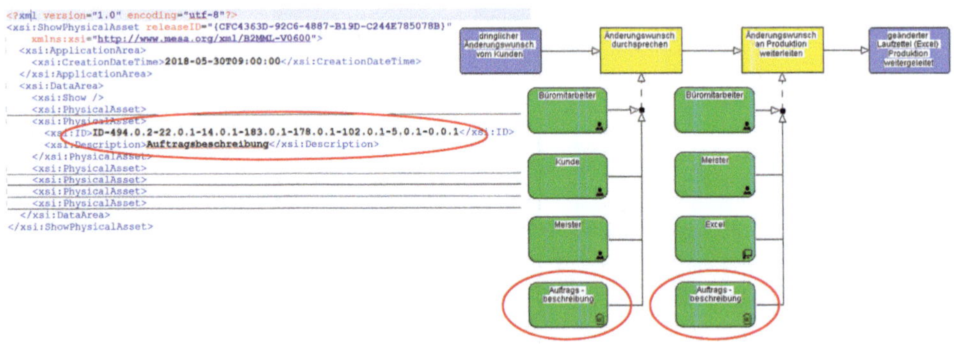

Abb. 5.12 Generierte *PhysicalAsset*-Information in B2MMLaus MO²GO

vorangehenden *Equipment*-Beschreibung Anforderungen in Form von beispielsweise Qualifikation (siehe *QualificationTestSpecifications* in Abb. 5.7) und Verfügbarkeit definiert werden.

Abb. 5.12 zeigt die *ShowPhysicalAsse*-Information mit dem referenzierten *PhysicalAsset* „Auftragsbeschreibung".

5.8.4 B2MML-Produkt- und Operationenbeschreibung

Um die Prozesse mit den sie initialisierenden Aufträgen bzw. Operationen und Produkten auszugeben, stehen die Transaktionen *ShowProductDefinition* (Abb. 5.13) und *ShowOperationDefinitionInformation* (Abb. 5.14) zur Verfügung.

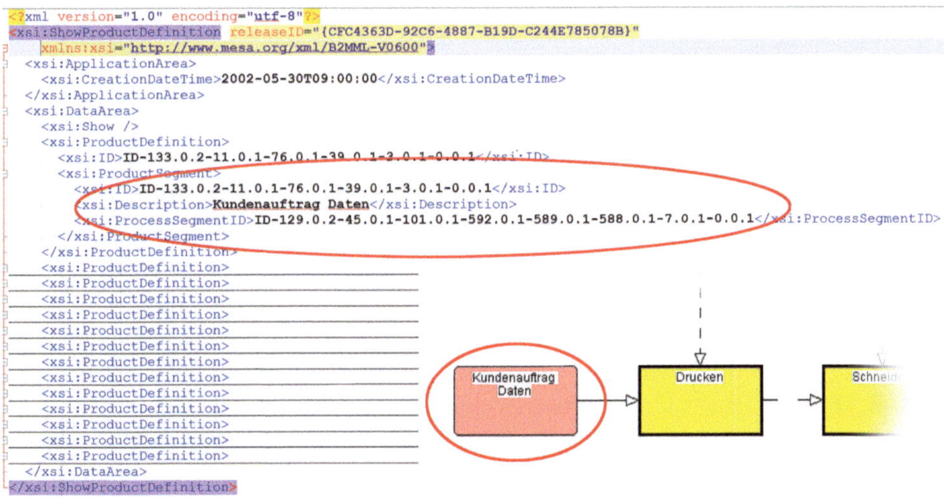

Abb. 5.13 Generierte *ProductDefinition*-Information in B2MMLaus MO²GO

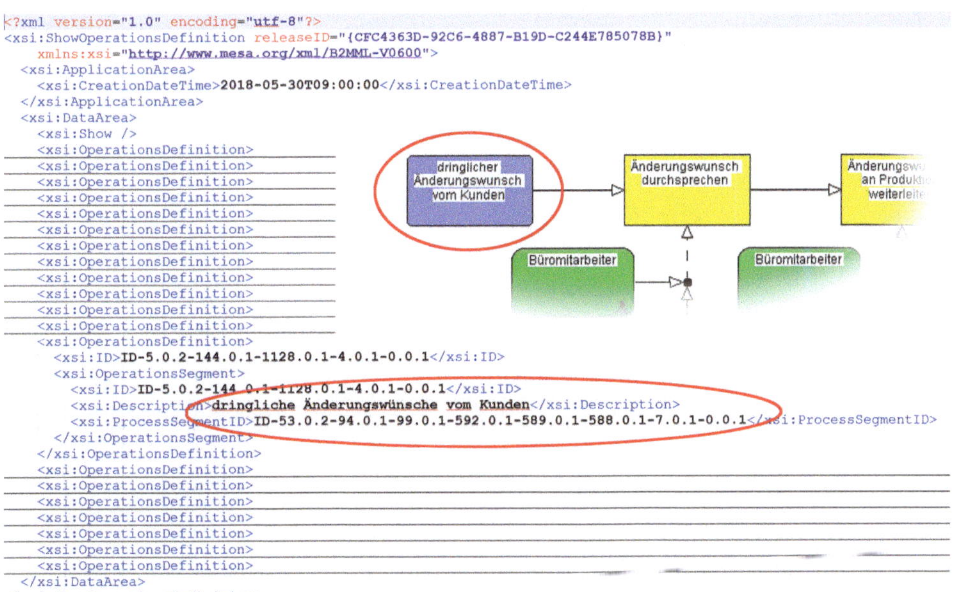

Abb. 5.14 Generierte *OperationDefinition*-Information in B2MMLaus MO²GO

5.9 Technologiekonzept in JUMP 4.0

Hartmut Schweizer

Im Gesamtkonzept des Projekts JUMP 4.0 ergibt sich unter Nutzung der beschriebenen Mechanismen eine modulare, lose gekoppelte Technologienkette (Abb. 5.15), sodass einzelne Elemente ohne großen Implementierungsaufwand an den Schnittstellen austauschbar sind, was einen vielseitigen Einsatz unterstützt. Auf dem Datenmodell können variable Softwarelösungen der MES- und ERP-Ebene aufsetzen, aber auch Systeme des Shopfloors lassen sich leicht anbinden. Ebenso können verschiedene Modellierungswerkzeuge mit B2MML-Output eingesetzt werden. Aus dem XML-Schema von B2MML kann für verschiedene Softwarelösungen eine entsprechende Schnittstelle generiert werden, in welche der Transformator als XSLT-Skript-Interpreter einfach integriert werden kann. Die modulare Struktur der Transformationsskripte lässt dabei sowohl die Wiederverwendung von Transformationsregeln als auch die Anpassung an den konkreten Einsatzfall zu.

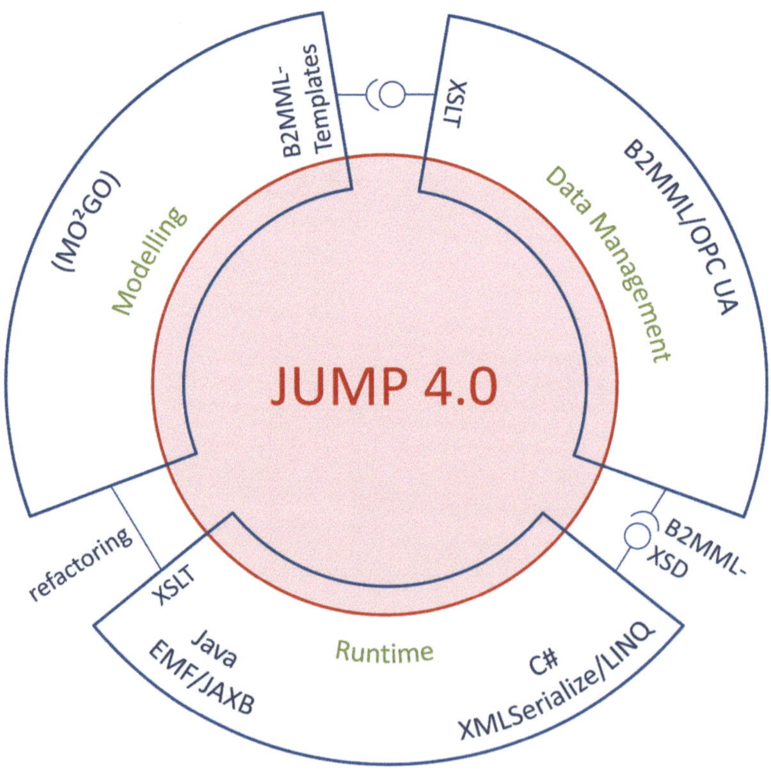

Abb. 5.15 Technologiekonzept JUMP 4.0

Die modellierten Prozesse können für die Prozessplanung mit zusätzlichen Konfigurationen und Steuerungsparameterspezifikationen konkretisiert und instanziiert werden. Die benötigten Schnittstellen werden in die vorhandene IT-Umgebung der Fertigung über Interfaceklassen umgesetzt, die die entsprechenden Kommunikationsprotokollspezifikationen enthalten (z. B. OPC UA oder MQTT). Hierbei werden wiederum die Transaktionsspezifikationen der ISA-95 aus B2MML genutzt [3]. Damit ergibt sich ein flexibles Technologiekonzept, das die Integration von Expertenwissen von unterschiedlichen Benutzerrollen erlaubt und damit optimierte, dynamisch konfigurierbare Lösungen der Enterprise-IT bietet.

Literatur

1. DIN EN, 62264-2:2014-06 (2014) DIN EN 62264-2:2014-06 – Integration von Unternehmensführungs- und Leitsystemen_- Teil_2: Objekte und Attribute für die Integration von Unternehmensführungs- und Leitsystemen (IEC_62264-2:2013); Englische Fassung EN_62264-2:2013. Beuth, Berlin
2. DIN EN, 62264-3:2017-12 (2017) DIN EN 62264-3:2017-12, Integration von Unternehmensführungs- und Leitsystemen_- Teil_3: Aktivitätsmodelle für das Betriebsmanagement (IEC_62264-3:2016); Englische Fassung EN_62264-3:2017. Beuth, Berlin
3. DIN EN, 62264-5:2017-05 (2017) DIN EN 62264-5:2017-05, Integration von Unternehmensführungs- und Leitsystemen_- Teil_5: Transaktionen zwischen Unternehmungsführungs- und Produktionsleitsystemen (IEC_62264-5:2016); Englische Fassung EN_62264-5:2016. Beuth, Berlin
4. Gering P, Oertwig N, Kayser M, Schweizer H, Soler Perez Olaya S, Rimmelspacher S (2018) JUMP 4.0. Mobile Jobeinplanungsunterstützung für Meisterinnen und Meister in der Produktion. In wt Werkstattstechnik online (Hrsg.), wt Werkstattstechnik online (4-2018, 4-2018, S. 230–234). https://www.werkstattstechnik.de/wt/article.php?data[article_id]=89364. Zugegriffen: 6. Juni 2019
5. MESA International (2018) Business To Manufacturing Markup Language (B2MML), Manufacturing enterprise solutions association. http://www.mesa.org/en/B2MML.asp. Zugegriffen: 8. Apr. 2019

JUMP Planner

6

Sven O. Rimmelspacher, Patrick Gering, Anne Lemcke und Benjamin Schneider

Wie können wir es erreichen, den Meister für alle Störfälle, Entscheidungen mit den in der jeweiligen Situation notwendigen Informationen zu versorgen? Mit dem JUMP Planner soll er befähigt werden, unabhängiger zu arbeiten, schneller reagieren und vor allem bessere Entscheidungen treffen zu können. Das wiederum hat Auswirkungen auf die üblichen Themen wie Planbarkeit, Durchlaufzeiten, Produktivität, Qualität, Liefertreue und vieles mehr.

Da die Parameter und Einflussfaktoren für diese Grundidee je nach Unternehmen, Aufgabe, Prozess und Rolle vollkommen unterschiedlich sind, war ein neuer, ganzheitlicher Ansatz notwendig, der in jedem Anwendungsfall zum Einsatz kommen kann. Dieser Ansatz basiert auf dem weiter oben beschriebenen Prozessmanagement und bedient sich zusätzlich Verfahren aus mehreren erprobten Methoden wie z. B. Wertstromanalyse, FMEA, MES, Qualitätsmanagement und anderen, neuen Ideen, die im Rahmen des Projektes erarbeitet wurden.

S. O. Rimmelspacher (✉)
Geschäftsführer, Pickert & Partner GmbH, Pfinztal, Deutschland

P. Gering
Fraunhofer-Institut für Produktionsanlagen und Konstruktionstechnik IPK, Geschäftsprozess- und Fabrikmanagement, Berlin, Deutschland

A. Lemcke
PI Informatik GmbH, Berlin, Deutschland

B. Schneider
Institut für Arbeitswissenschaften und Technologiemanagement IAT, Universität Stuttgart, Stuttgart, Deutschland

T. Knothe et al. (Hrsg.), *Die Digitalisierungshürde lässt sich Meister(n)*,
https://doi.org/10.1007/978-3-662-60367-3_6

Ein entscheidender Faktor dieses Ansatzes ist die Grundhaltung, dass nur durch das gemeinsame und zusammengeführte Wissen eines interdisziplinären Teams eine erfolgreiche Umsetzung möglich wird.

Ausgehend von einem definierten Prozess, der aus dem Prozessmanagement bereits die Informationsgruppen Produkt, Auftrag und Ressource mitbringt, wird das vorhandene Expertenwissen im nächsten Schritt verwendet, um diese Daten mit weiteren Detailinformationen anzureichern, die für die Prozessdurchführung, das Prozessmonitoring und die Prozessabsicherung benötigt werden.

6.1 Parameter und Einflussgrößen

Sven O. Rimmelspacher

Betrachten wir innerhalb des Gesamtprozesses einen konkreten Prozessschritt, können für diesen die unterschiedlichsten Informationen von entscheidender Bedeutung sein. Beispiele sind etwa:

- Input und Output (z. B. Validierungen wie Reihenfolge, Seriennummern, Liegezeiten …)
- Prozessdaten (Drehzahl, Vorschub, Druck, Temperatur …)
- Qualitätsdaten (Produktmerkmale wie Maße, Oberflächen …)
- Maschinendaten (Stückzahlen, Zustände, Laufzeiten, Verfügbarkeiten …)
- eingesetzte Werkzeuge
- Dokumente und Anleitungen
- Materialverfügbarkeiten
- Qualifikationen und Verfügbarkeiten von Personal
- und vieles mehr

Der Umfang und die Inhalte dieser Liste lassen erkennen, dass ein Silo- und Abteilungsdenken der beteiligten Personen der Zusammenstellung der Daten im Wege stehen würde. Alle diese Informationen müssen ganzheitlich unter Berücksichtigung von Datenquellen, Risiken, notwendigen Reaktionszeiten und Wechselwirkungen betrachtet werden.

Da üblicherweise kaum ein Softwaresystem alleine in der Lage ist, diese Vielfalt an Daten selbst zu erfassen, und da ferner in vielen Unternehmen bereits verschiedene Systeme im Einsatz sind, die gut funktionieren, ist ein konzeptioneller Ansatz einer Modularisierung und Nutzung standardisierter Schnittstellen zum gezielten Datenaustausch notwendig.

6.2 Der Planner

Sven O. Rimmelspacher und Patrick Gering

Um die Zusammenstellung dieser Daten systematisch, einfach und immer in derselben Art und Weise erfassen und bearbeiten zu können, wurde der JUMP Planner konzipiert. Dieser basiert auf der Grundidee, dass alle diese Daten in einer hierarchischen Anordnung intuitiv hinzugefügt und verwaltet werden können. Diese Art der Darstellung unterstützt eine hohe Flexibilität der Inhalte, da die Daten in dynamischen Tabellen und nicht in individuell programmierten Dialogen erfasst werden. Außerdem ist es aufgrund der wiederverwendbaren Funktionen recht einfach, den Planner um weitere, neue Datengruppen zu erweitern.

Durch die Notwendigkeit, dass ein Anwender mobil sein muss, wurde besonderes Augenmerk auf eine einfache und intuitive Bedienbarkeit gelegt, die eine nahtlose Verwendung des Planners auf einem Desktop-PC, einem Tablet oder Smartphone ermöglicht. In den folgenden Kapiteln werden die im Rahmen des Projektes definierten und implementierten Datengruppen näher beschrieben.

6.2.1 Stammdaten und Kataloge

Softwaresysteme bieten vor allem immer dann einen großen Nutzen, wenn die verwendeten Daten mit Metainformationen und Semantik versehen werden. Wird ein Prozess wie z. B. „Fräsen“ in jedem beteiligten System in der gleichen Art und Weise als „Fräsen“ verstanden, erhöhen sich dadurch das Wissen über den Prozess, die Zusammenführbarkeit der Daten, die übergreifende Betrachtung und Auswertbarkeit. Dies wird insbesondere dann relevant, wenn Daten zwischen Systemen ausgetauscht oder in unterschiedlichen Sprachen dargestellt werden sollen.

Alle Daten, die im Planner verwendet werden, basieren auf solchen Katalogen. Ob es sich um Produktmerkmale, Prozessdaten oder Einheiten handelt – grundsätzlich gibt es eine feste Referenz, bei deren Verwendung das Wissen zu einem Prozess kontinuierlich gemehrt wird. Da diese Daten oftmals für andere Anwendungszwecke in anderen Systemen bereits zur Verfügung stehen, müssen die Kataloge über standardisierte Schnittstellen und Datenformate ausgetauscht werden können (siehe Kap. 5).

Auf Basis solcher Kataloge kann nun eine Bedingung vorgegeben werden, die es erforderlich macht, dass alle teilnehmenden Systeme diese Kataloge nutzen. Beschreibt nun ein beliebiges System seine Daten, die zum Gesamtprozess beigetragen werden, mit einem spezifischen Katalogeintrag, wird es damit nun automatisch möglich, alle Informationen zusammenzuführen.

Darüber hinaus werden Daten wie Artikel, Personal, Maschinen, Orte usw. als Stammdaten angesehen, die in der Regel unternehmensspezifisch sind und daher individuell erfasst oder über Schnittstellen aus externen Systemen (z. B. ERP) importiert/genutzt werden.

6.2.2 ProzessDesigner und ProduktDesigner

Der Planner wird unterteilt in zwei Bereiche: den ProzessDesigner und den ProduktDesigner. Beide sind gleich aufgebaut, d. h., zu einem Prozessschritt oder einem Produkt werden die jeweils benötigten Parametergruppen definiert und dann innerhalb dieser Parametergruppen die relevanten Parameter hinzugefügt und beschrieben. Nicht alle Parametergruppen sind für beide Designer relevant, z. B. ist ein Produktmerkmal nur beim ProduktDesigner sinnvoll. Abb. 6.1 zeigt den JUMP Planner.

Viele der nachfolgenden Gedanken bzgl. der Parametergruppen und Parameter sind offensichtlich. Dennoch stellen wir immer wieder fest, dass zwar einzelne dieser Parameter individuell bestens bekannt sind und überwacht werden, dass dennoch häufig der ganzheitliche Blick fehlt und damit die Daten nicht miteinander, sondern isoliert betrachtet werden, auch wenn diese in Wechselwirkungen miteinander stehen.

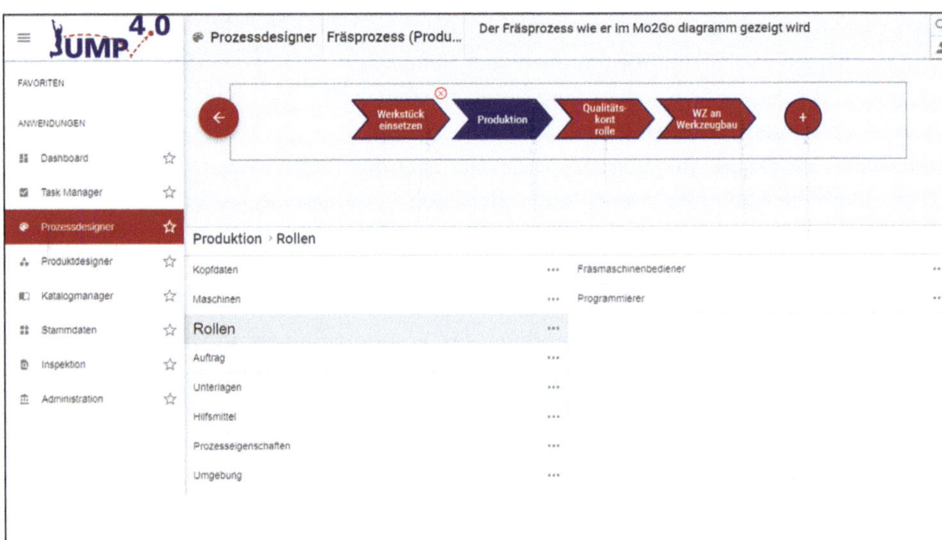

Abb. 6.1 JUMP Planner: Informationsgruppen und Parameter zum gewählten Prozessschritt

6.2.2.1 Kopfdaten

In den Kopfdaten werden Input, Aktivitäten und Output beschrieben sowie der Prozessowner definiert. Diese Daten dienen der Rahmeninformation, damit jeder einzelne Prozess bzw. Prozessschritt besser identifizierbar und verfolgbar wird. Ferner werden Prozesse kontinuierlich über gewonnene Erkenntnisse verbessert, und hierbei sind Versionierung und Freigabemechanismen sinnvoll.

Input und Output können zur Validierung und Ereignisüberwachung verwendet werden. Wird also beispielsweise im Input festgestellt, dass eine bestimmte Bedingung nicht eingehalten wurde, kann eine vorher definierte Reaktion ausgeführt werden.

6.2.2.2 Prozessmerkmale

Prozessmerkmale können idealerweise verwendet werden, um einen Prozess zu überwachen, sich ankündigende oder bereits aufgetretene Fehler zu erkennen, aber auch für die Dokumentation für eine lückenlose Rückverfolgbarkeit verwendet werden.

Typische Prozessmerkmale sind solche Parameter wie Temperatur, Druck, Geschwindigkeit und vieles mehr. Neben einem Sollwert können Eingriffsgrenzen und Toleranzen angegeben werden, deren Unter- oder Überschreitung zu Alarmen oder schnellen Reaktionen führen können. Die Sollwerte können entweder direkt im Designer definiert werden oder werden erst später bei der Erzeugung eines Auftrags hinzugefügt, da sie ggf. erst dann bekannt sind.

Prozessmerkmale korrelieren häufig mit Produktmerkmalen. Rechtzeitiges Erkennen von Veränderungen bei den überwachten Werten könnte daher helfen, Fehler an den Produkten zu verhindern, die eine direkte Folge solcher veränderter Prozessmerkmale wären.

6.2.2.3 Produktmerkmale

Produktmerkmale dienen zur Beschreibung der Eigenschaften von Produkten und werden üblicherweise für Überwachung oder Qualitätsprüfungen verwendet, um Fehler an Produkten zu erkennen oder idealerweise frühzeitig zu vermeiden.

Qualitätsprüfungen können durch Inlineprüfsysteme automatisch durchgeführt werden, kontinuierlich als statistische Prozesskontrolle (SPC) oder auch als losbasierte Prüfung am Ende, wenn eine bestimmte Produktionsmenge gefertigt wurde. Auch zur Freigabe der Produktion sind spezielle Sonderprüfungen nützlich.

6.2.2.4 Maschinen und Maschinendaten

Die eingesetzten Maschinen haben logischerweise einen hohen Einfluss auf die Qualität eines Prozesses. Alter, Funktion, technische Möglichkeiten, Umgebungsbedingungen und vieles mehr spielen eine entscheidende Rolle. Da unterschiedliche Maschinen auch unterschiedliche Daten liefern, ist es entscheidend zu wissen, was alles zur Verfügung steht.

Typische Daten sind

- Zustand (z. B. Leerlauf, Rüsten, Abstimmen, Produktion, Störung …)
- Zähler (Stückzähler oder auch konkreter wie gut, schlecht, Nacharbeit usw.)
- Ereignisse (Störungen, notwendige Freigaben usw.)
- Zeiten (Zeitpaare, Verfügbarkeiten, Zyklen …)

Durch die Überwachung und Erfassung dieser Daten werden nicht nur Fehler an den Maschinen oder im Prozess erkannt, sondern können auch diverse andere Erkenntnisse gewonnen werden, die eine Bestimmung der Prozessqualität erlauben.

Über Stückzähler, vordefinierte Zykluszeiten und tatsächliche Ausbringung können die geplante und erwartete Fertigstellung des Auftrags errechnet, Zustandszeiten ermittelt und – sofern vorhanden – Umplanungen über ein Schedulingsystem angefordert werden.

Erkenntnisse der Vergangenheit helfen bei der Beurteilung des zukünftigen Verlaufs sowie einer Vorhersage von Ausfällen und damit vorbeugender Instandhaltung (Predictive Maintenance).

6.2.2.5 Werkzeuge

Die Überwachung eingesetzter Werkzeuge bzgl. ihres Status, ihrer Standzeit, fälliger Wartung und ggf. Feintuning bei der Abstimmung der Maschine sichert einen weiteren Aspekt der Prozessstabilität, Prozessqualität, Nachvollziehbarkeit und Dokumentation.

6.2.2.6 Personal und Rollen

Die Qualifikation der eingesetzten Mitarbeiter und deren Verfügbarkeit sind essenziell für Planung, Durchführung und gezielte Verbesserungen.

Insbesondere beim Ausfall von Mitarbeitern oder spontanen Umplanungen der Aufträge und Prozesse ist das Wissen über das vorhandene Personal von hoher Bedeutung und häufig ein limitierender Faktor. Erforderliche, aber nicht erfüllte Fähigkeiten für einen Prozess sind oft eine Fehlerquelle, die nicht nur durch mangelnde Ausbildung, ungelerntes Personal, sondern häufig auch durch falsch verstandenen Schutz der Daten der Mitarbeiter (z. B. hinsichtlich ihrer Qualifikation) verursacht wird.

6.2.2.7 Information

Zu einem Prozess und den im einzelnen notwendigen Handlungen gibt es üblicherweise im Unternehmen, in den Abteilungen und auf Netzwerk- und verschiedenen Softwaresystemen unzählige Informationen wie Zeichnungen, Fotos, Bedienungsanleitungen, Prüfvorschriften, Sonderhinweise auf aktuelle Fehler, Lernvideos, Montagehinweise und vieles mehr.

Die Zusammenführung all dieser Daten an einer zentralen Stelle hilft den Menschen, alle notwendigen Informationen zur Verfügung zu haben und nicht in jeder beliebigen Situation auf die (meist erfolglose) Suche danach gehen zu müssen.

6.2.2.8 Umgebung

Insbesondere bei empfindlichen Prozessen oder hoher Präzision sind die Umgebungsparameter von entscheidender Bedeutung. Das können z. B. Temperatur, Luftfeuchtigkeit, aber auch solche Dinge wie Vibrationen sein, die durch andere Maschinen oder vorbeifahrende Lkws verursacht werden.

6.2.2.9 Schnittstellen

Um die Zusammenführung der Daten zentral zu ermöglichen, ist die Verwendung von Schnittstellen anderer Systeme (Software, Hardware, Sensorik …) ein Schlüsselfaktor.

Daten können aus externen Datenbanken kommen, über Kommunikationsschnittstellen, Webservices, Dateien oder aber auch durch direkte Anbindung von Maschinensteuerungen oder IIoT-Systemen.

Zeitpunkte und Häufigkeiten der Nutzung der Schnittstellen sind abhängig vom Workflow im Prozess selbst, z. B. wenn eine Validierung von Daten über eine solche Schnittstelle Voraussetzung für den Fortgang des Prozesses ist oder bestimmte Zustände erreicht werden müssen.

Eine immer wichtiger werdende Datenquelle sind externe Algorithmen, die häufig für Erkenntnisse, Validierungen oder Entscheidungen notwendig sind. Da diese Algorithmen oft auf spezifischem Know-how und Betriebsgeheimnissen basieren, ist auch hier die Verwendung standardisierter Kommunikationswege (z. B. REST API) essenziell. Beispielsweise werden relevante Daten an den Algorithmus übergeben, die entsprechenden Funktionen ausgeführt und das Ergebnis zurückgegeben, ohne dass die aufrufende Stelle *wissen* muss, was im Detail berechnet wurde.

Sind die Schnittstellen bereits zur Planungszeit bekannt (z. B. feste Adresse o. Ä.), können sie sofort konfiguriert werden, falls nicht, sorgen Platzhalter dafür, dass die Verbindung zur Datenquelle zum Ausführungszeitpunkt angefordert wird.

6.2.2.10 Kennzahlen

In manchen Fällen kann es sinnvoll oder notwendig sein, Kennzahlen zur Beurteilung eines Prozesses heranzuziehen. Solche KPIs sind vor allem dann interessant, wenn sie dazu verwendet werden, Daten aus den unterschiedlich betrachteten Parametern zusammen zu betrachten (z. B. OEE). Auch für die Berechnung solcher Kennzahlen können externe Systeme und somit die zuvor beschriebenen Schnittstellen notwendig sein.

6.2.2.11 Weitere Parameter

Die oben beschriebenen Parametergruppen stellen die offensichtlichen Daten dar, die helfen können, Prozesse abzusichern und den Anwendern relevante Informationen zu jeder Zeit zur Verfügung zu stellen. Jede zusätzliche Information kann in Form von weiteren Parametergruppen hinzugefügt werden, damit neue Erkenntnisse systematisch genutzt werden können, um die Prozessabsicherung kontinuierlich zu verbessern.

6.3 Fertigungsauftrag

Sven O. Rimmelspacher

Wird ein Fertigungsauftrag erzeugt, enthält dieser prinzipiell das Produkt und die zu fertigende Menge. Aus diesen Informationen werden somit die „Designs“ im Auftrag zusammengeführt, d. h., die Daten, die zum Produkt definiert wurden, werden mit den Daten des Prozesses verschmolzen bzw. ergänzen sich gegenseitig.

Dieser entstandene Auftragsdatensatz enthält somit alle Informationen, die zuvor gesammelt wurden. Alle Daten, die erst zu diesem Zeitpunkt verfügbar sind (z. B. kundenspezifische Anforderungen, Schnittstellen zur eingesetzten Maschine usw.), können nun hinzugefügt werden und machen den Auftrag damit vollständig.

6.4 Visualisierung

Sven O. Rimmelspacher

Aus diesen Informationen wiederum werden während der Ausführung der Prozesse für den jeweiligen Betrachter und seine individuelle Rolle automatisch Dashboards/Cockpits generiert, die alle für ihn situativ relevanten Informationen in einer Übersicht zusammenführen (Abb. 6.2). Der Anwender wird somit mit allen Informationen versorgt, die für

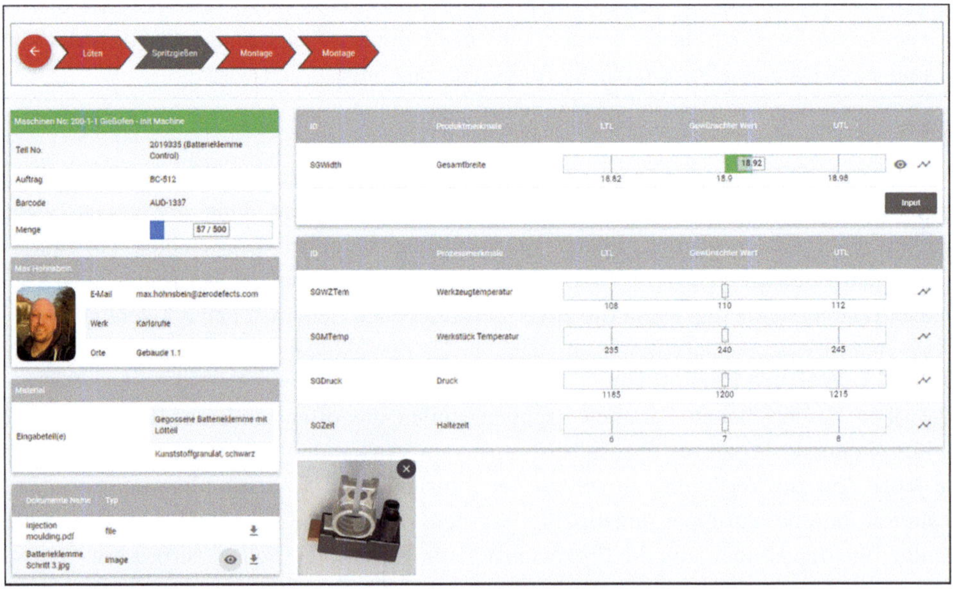

Abb. 6.2 Cockpit zur Darstellung/Überwachung der definierten Parameter

eine Entscheidung von Bedeutung sein könnten. Läuft ein Prozess stabil, dient diese Darstellung dem Monitoring und der Präsentation.

6.5 Entscheidungsunterstützung

Sven O. Rimmelspacher

Ist ein Auftrag gestartet, werden die benötigten Daten kontinuierlich gesammelt und überwacht. Tritt ein Ereignis auf, das eine Entscheidung erforderlich macht, dient die zuvor beschriebene Visualisierung als zentrale Informationsquelle, um die aktuelle Situation zu bewerten und aufgrund dieser Bewertung eine Entscheidung zu treffen.

Diese Informationen müssen rollenspezifisch sein, da für einen Maschinenbediener in einer solchen Situation andere Daten relevant sind als für den Meister oder Manager.

Nun wird es offensichtlich, dass die Zusammenführung der unterschiedlichen Daten von hoher Relevanz ist, da es nicht immer nur ein Parameter ist, der das Ereignis ausgelöst hat oder bestimmend ist, sondern es häufig Informationen aus den unterschiedlichen Datenquellen und Bereichen sind, die zum Ereignis geführt haben.

Je mehr Informationen aus der Vergangenheit vorliegen, desto besser kann der Anwender unterstützt werden. Ein solches Szenario könnte z. B. folgendermaßen aussehen:

- „Das Ereignis <Ereignis> ist in den vergangenen 12 Monaten 83 Mal aufgetreten. In 94 % aller Fälle war die Fehlerursache <Ursache> und führte zu einem durchschnittlichen Anlagenstillstand von 4:30 h.
- Die Maßnahme <Maßnahme> wurde in 82 % der Fälle eingeleitet und hinterher mit einer Wirksamkeit von 89 % bewertet. Möchten Sie diese Entscheidung treffen oder mehr Informationen sehen?

Trifft der Anwender eine Entscheidung in einer solchen spezifischen Situation, ist es neben der so erfolgten Lösung zusätzlich notwendig, diese Entscheidung zu dokumentieren und eine Entscheidungsbewertung vorzunehmen. Damit kann die Erkenntnis im Sinne von „Zu welchem Resultat hat eine Entscheidung geführt?" für die Zukunft dokumentiert und wiederverwendet werden. So nutzt die Organisation das entstehende Wissen, lernt aus Fehlern und kann dadurch kontinuierlich Verbesserungen erreichen. Dieses Vorgehen hilft den Mitarbeitern, zukünftig mehr Entscheidungen selbst treffen zu können, da die Informationen dazu auf dem Know-how sowie den Erfahrungen der Vergangenheit basieren.

Ist die Lösungsfindung komplex, wird die Erarbeitung der Lösung in einem interdisziplinären Team durchgeführt, sodass alle möglichen Rollen, Sichtweisen und Erfahrungen genutzt werden können. Entscheidend ist, dass mit einem experimentellen Vorgehen schrittweise die einzelnen Teilaufgaben bearbeitet und so iterativ auf die Lösung hingearbeitet werden kann.

6.6 Usabilitybewertung

Anne Lemcke und Benjamin Schneider

Usabilitybewertungen können für alle denkbaren Produkte eingesetzt werden. Verschiedene Normen beschäftigen sich mit den verschiedenen Einsatzbereichen der Usabilitybewertung, die Spanne reicht hierbei von Softwareprodukten bis hin zu medizinischen Geräten [2, 3]. Die primäre Aufgabe einer Usabilityprüfung besteht darin, mögliche Schwachstellen der Handhabbarkeit eines Produkts zu identifizieren. Korrekt übersetzt bedeutet Usability „Gebrauchstauglichkeit", da dieser Begriff recht sperrig erscheint, ist „Benutzerfreundlichkeit" als Übersetzung gängiger. Usability beschreibt nach DIN ISO 9241 [1], wie effektiv, effizient und zufriedenstellend ein Produkt bedient werden kann. Das bedeutet, dass mit der Anwendung ein vorgegebenes Ziel (effektiv) mit möglichst geringem Aufwand (effizient) erreicht werden und die Aktion selbst sowie das Ergebnis für den Tester in Ordnung (zufriedenstellend) sein sollte. Usability ist bspw. über die Zeit oder die Interaktionsschritte, die ein Anwender für die Erfüllung einer festgelegten Aufgabe benötigt, messbar [7]. Die zentrale Frage bei der Usabilitybewertung ist es, ob der Nutzer seine Absicht oder sein Ziel erreichen konnte [7]. Die wichtigsten Leitlinien zur konkreten ergonomischen Ausgestaltung der Mensch-Computer-Interaktion sind in der Normenreihe DIN EN ISO 9241 festgelegt. Diese beschreibt unter anderem die Gestaltung der Benutzungsoberfläche, Zeichenanordnung, Farben, Menüs, Masken und Dialoge. Gute Usability wird in der Regel gar nicht explizit wahrgenommen, schlechte hingegen schon. Die DIN EN ISO 9241, Teil 110 [2] beschreibt hierzu sieben zentrale Grundsätze der Dialoggestaltung. Tab. 6.1 stellt diese zusammen mit Beispielen dar.

Ergänzt und aktualisiert werden diese Grundsätze durch die Grundsätze der Informationsgestaltung, der neueren Einzelnorm DIN EN ISO 9241, Teil 112 [4]. Diese sind in Tab. 6.2 dargestellt.

Jakob Nielsen [8, 9] beschreibt 10 Kriterien für die Gestaltung von Nutzerschnittstellen. Diese stellen Indikatoren dar, anhand derer man die Qualität von Dialogen in computerbasierten Anwendungen beurteilen und verbessern kann. Sie eignen sich zur Beurteilung von gefundenen Problemen und sollen somit Usabilitytests nicht ersetzen, sondern ergänzen. Sie besitzen noch heute Gültigkeit für praktisch alle technischen Systeme, mit denen Menschen interagieren. Die Kriterien sind in Tab. 6.3 beschrieben.

Für die Durchführung der Tests im Projekt wurden die Kriterien von Nielsen [8, 9] aufgegriffen und für die Bewertung des JUMP Planners an einigen Stellen angepasst.

Tab. 6.1 Grundsätze der Dialoggestaltung nach [2]

Grundsatz	Detaillierung
Der Aufgabe angemessen	Geeignete Funktionalität, Minimierung unnötiger Interaktionen • Vorgabe von Standardwerten in Eingabefeldern
Selbstbeschreibend	Verständlichkeit durch Hilfen/Rückmeldungen • Wann wird eine Eingabe erwartet, in welchem Format, und was sind die nächsten Schritte bzw. mit welcher Funktion können diese bewerkstelligt werden?
Steuerbar	Steuerung des Dialogs durch Benutzer/Benutzerin • Möglichkeit, die letzte Eingabe rückgängig zu machen • Möglichkeit, Dialoge zu verlassen und zu einem späteren Zeitpunkt wiederaufzunehmen
Erwartungskonform	Konsistenz, Anpassung an das Benutzermodell • Konsistenter Einsatz der Markierung/Benennung von Funktionen und Tastenbelegungen
Fehlertolerant	Fehlererkennung und -vermeidung, Fehlerkorrektur, Fehlermanagement • Erkennung fehlerhafter Eingaben und Hinweise darauf. Nutzer wird dadurch jedoch in seiner Arbeit nicht behindert
Individualisierbar	Anpassbarkeit an Nutzer/-innen und Arbeitskontext • Individuell anpassbare Menüs und Symbolleisten
Lernförderlich	Anleitung des Nutzers, minimale Einarbeitungszeit, Metaphern • Verwendung eines durchgängigen Konzepts bei der Strukturierung von Dialogen • Menütiefe umfasst maximal zwei Unterebenen

Tab. 6.2 Grundsätze der Informationsgestaltung nach [4]

Grundsatz	Detaillierung
Entdeckbarkeit	Erkennbare Informationen
Ablenkungsfreiheit	Keine Störung der Wahrnehmung der Informationen durch andere Informationen
Unterscheidbarkeit	Eigenständige Elemente voneinander unterscheidbar, Zuordnung zu anderen Elementen unterstützt
Eindeutige Interpretierbarkeit	Informationen werden so verstanden wie vorgesehen
Kompaktheit	Nur notwendig Informationen dargestellt
Konsistenz	In allen interaktiven Systemen und der gesamten Benutzerumgebung Informationselemente ähnlich bei ähnlicher Absicht
Selbstbeschreibungsfähigkeit	Verständlichkeit durch Hilfen/Rückmeldungen

Tab. 6.3 Kriterien für gute Usability nach [8, 9]

Kriterium	Detaillierung
Sichtbarkeit des Systemstatus	Das System sollte den Nutzer immer auf dem Laufenden halten, indem es angemessenes Feedback in einer angemessenen Zeit liefert. Leitfragen können hier etwa sein: Wo befinde ich mich? Wie komme ich dahin zurück, wo ich hergekommen bin? Weiß ich stets genau, was die App gerade tut? Wie schnell reagiert das System?
Übereinstimmung von System und Realität des Nutzers	Das System sollte die Sprache des Nutzers sprechen und systemorientierte Terminologien vermeiden
Kontrolle durch den Nutzer	Nutzer sollten das System jederzeit steuern können, aber nie in Situationen geraten, die einen weiteren Fortschritt verhindern. Eine Rückgängig-/Zurückfunktion ist hier entscheidend
Konsistenz und Standards	Elemente der Nutzeroberfläche und Benennungen sollten nur unterschiedlich sein, wenn sie Unterschiedliches bewirken. Standards der jeweiligen Plattformen (z. B. Betriebssystem) sollten eingehalten werden
Fehlervermeidung	Besser als gute Fehlermeldungen ist ein gutes Design, welches das Eintreten von Fehlern erst gar nicht zulässt. Es muss mögliche Fehlbedienungen vorhersehen und abfangen
Selbsterklärung vor Erinnerung	Der Nutzer sollte nichts lernen und nichts im Gedächtnis behalten müssen. Alle aktuell notwendigen Informationen sollte er direkt einsehen können. Instruktionen für den Systemgebrauch müssen intuitiv auffindbar sein
Flexibilität und Effizienz	Nutzer, die regelmäßig mit dem System arbeiten, brauchen Möglichkeiten, den Arbeitsablauf anzupassen. Somit kann eine schnellere Bedienung ermöglicht werden
Ästhetisches und minimalistisches Design	Das System sollte immer nur die Informationen und Bedienelement anzeigen, die für die Erfüllung der aktuellen Aufgabe nötig sind
Hilfe beim Erkennen, Diagnostizieren und Beheben von Fehlern	Fehlermeldungen sollten klar formuliert sein und Hilfestellung geben. Gute Fehlermeldungen sind defensiv, präzise und konstruktiv
Hilfe und Dokumentation	Optimal ist ein System, das ohne zusätzliche Hilfestellung verstanden und bedient werden kann. In der Praxis ist es eine sehr große Herausforderung, ein solches System zu erstellen, daher sollte die Dokumentation in der Sprache des Nutzers geschrieben, praktisch, leicht nutzbar und zugänglich sein

6.6.1 Vorgehensweise und Methodenübersicht

Im Projekt wurde ein beaufsichtigter Usabilitytest durchgeführt. Die Testteilnehmer wurden also während der Aufgabenlösung durch das Projektteam beobachtet [7]. Der Test fand in der Mitte der Projektlaufzeit statt, somit wurde die Alphaversion des JUMP Planners getestet, um die Usability zu diesem Entwicklungszeitpunkt einzuschätzen und Optimierungspotenziale abzuleiten. Um optimale Ergebnisse zu erhalten, sollten im Usabilitytest spätere Nutzer der Anwendungspartner Aufgaben und Abläufe aus ihrem Arbeitsalltag im System nachvollziehen. Hierzu haben vier Testpersonen der Anwendungspartner alltägliche Aufgaben im JUMP Planner abgebildet und durchgespielt. Ihr Verhalten bei der Benutzung des Tools und ihre gesprochenen Kommentare wurden schriftlich protokolliert. Anschließend wurden sie in einem Einzelinterview zu ihren Eindrücken befragt.

Die Teilnehmer der Tests werden im Folgenden als Tester bezeichnet, um deutlich zu machen, dass nicht der Benutzer geprüft wurde, sondern der JUMP Planner. Der beobachtete Test des Systems dauerte 45 bis 60 min, die anschließenden Interviews je Tester ca. 20 min.

Die Vorgehensweise in diesem Test basiert auf der anerkannten Usabilitytestmethode des „lauten Denkens" (zum Beispiel beschrieben in [5, 10]).

6.6.2 Ablauf, Durchführung und Ergebnisse

Anweisungen vor der Testsitzung Nach einer Begrüßung wurde das übergeordnete Ziel der Tests beschrieben, und die Teilnehmer wurden darüber informiert, dass Anmerkungen und Verbesserungsvorschläge festgehalten und notiert würden. Außerdem wurden die Tester darauf hingewiesen, dass im Anschluss an den Tests Einzelinterviews stattfänden. Der Ablauf der Testsitzung wurde erläutert und die Tester wurden gebeten, die Aufgaben zunächst eigenständig zu lösen. Hilfestellung wurde angeboten, sollten die Tester nach einer gewissen Zeit keine Lösung für ihr Problem finden. Im Anschluss an die Einweisung wurden das System und die Testaufgaben vorgestellt.

Testaufgaben

Die Szenarien für die Testaufgaben wurden gemeinsam mit den Anwendungspartnern besprochen und festgelegt. Im Rahmen der Szenarien sollten Aufgaben bearbeitet werden, die für typische Benutzer besonders häufig vorkommen. Unter den Szenarien versteht man eine Situationsbeschreibung, welche die Testperson dabei unterstützt, sich in die für den Test relevante Ausgangssituation hineinzuversetzen. Die Aufgaben entsprechen dabei einem logischen Ablauf und dem natürlichen Vorgehen der Nutzer.

Aufgabe 0: Einstieg und Login
Aufgabe 1: Prozess anlegen

Aufgabe 2: Unterprozess anlegen
Aufgabe 3: Prozesse planen und Prozessdiagramm anlegen
Aufgabe 4: Prozessparameter beschreiben und anlegen

Testergebnisse
Mithilfe einer entsprechenden Skala können während der Tests auftretende Probleme kategorisiert werden. Die Testergebnisse werden in diesem Test entsprechend der in Tab. 6.4 dargestellten Skala eingestuft. Zu beachten ist hierbei, dass die Einstufung der Probleme nicht durch den jeweiligen Tester, sondern durch den Beobachter vorgenommen wurde.

Tab. 6.5 zeigt eine Übersicht über die Ergebnisse und Beobachtungen des gesamten Tests. Für jeden Testteilnehmer ist aufgeführt, wie die Usability über die verschiedenen Aufgaben eingeschätzt wurde:

Auswertung Aufgabe 0
Anfänglich gab es Probleme bei der Registrierung. Da keine Fehlermeldung oder kein Korrekturvorschlag angezeigt wurde, kam es bei mehreren Testern zu Verzögerung. Mit einem simulierten Anruf bei der Servicestelle gelang es den Teilnehmern, sich einzuloggen und mit den inhaltlichen Testaufgaben zu starten. Der Anruf fand in Form der direkten Nachfrage bei den Beobachtern der Tests statt. Eine weitere Verzögerung ergab sich bei einigen Testern durch die englische Sprache, welche als Standard gesetzt war. Der Wechsel zu Deutsch war in den Einstellungen nicht auf den ersten Blick zu erkennen, am Ende konnten alle Testteilnehmer die Aufgabe dennoch erfolgreich bewerkstelligen.

Tab. 6.4 Einstufung der Usability bspw. in Anlehnung an [11]

Kürzel	Bedeutung	Beschreibung
0	Kein Usabilityproblem	Etwas funktioniert gut und sollte beibehalten werden
1	Kosmetisches Problem	Vorschläge der Testteilnehmer, die das Nutzererlebnis (User Experience) deutlich verbessern könnten
2	Geringfügiges Usabilityproblem	Nutzer wurden kurz aufgehalten, zögerten oder mussten etwas nachdenken (weniger als eine Minute)
3	Bedeutendes Usabilityproblem	Nutzer wurden länger aufgehalten (eine bis fünf Minuten), konnten aber die Aufgabe selbstständig abschließen
4	Kritisches Usabilityproblem	Nutzer scheitern bei der Bearbeitung angemessener Aufgaben

Tab. 6.5 Auswertung der durch die Beobachter festgestellten Usabilityskala basierend auf Tab. 6.4

Aufgabe	Tester 1	Tester 2	Tester 3	Tester 4
Aufgabe 0: Einstieg und Login	3	2	2	3
Aufgabe 1: Prozess anlegen	3	1	2	3
Aufgabe 2: Unterprozess anlegen	3	1	2	2
Aufgabe 3: Prozesse planen und Prozessdiagramm anlegen	4	2	2	4
Aufgabe 4: Prozessparameter beschreiben und anlegen	4	2	2	3

Auswertung bei Aufgabe 1

Die Testteilnehmer 1 und 4 hatten bei dieser Aufgabe große Probleme, einen Einstieg zu finden. Mit einer kleinen Hilfestellung konnte die Aufgabe gelöst werden. Ein Fehler beim Speicherprozess konnte identifiziert werden, ebenso konnten Vorschläge der Testpersonen zur optischen Verbesserung aufgenommen werden. Tester 2 und 3 absolvierten diese Aufgabe in kurzer Zeit und benannten nur kosmetische Probleme als Störfaktoren in der Bearbeitung, welche aber zu keiner Verzögerung führten.

Auswertung bei Aufgabe 2

Bei der Bearbeitung dieser Aufgabe zeigten sich ähnliche Probleme wie bei der vorherigen Aufgabe. Einige Begrifflichkeiten und Bezeichnungen von Eingabefeldern führten zu Verwirrung, hier wurde die Einblendung von Zusatzinformationen bei dem Überfahren der Schaltfläche mit der Maus vorgeschlagen. Aufgrund von Komptabilitätsproblemen wechselten zwei Tester ihren Browser. Die Aufteilung der Darstellung und die Positionierung der Schaltflächen wurden bei Aufgabe 1 und Aufgabe 2 bemängelt.

Auswertung bei Aufgabe 3

Den Testteilnehmern 1 und 4 gelang es nur mit Hilfestellung, die Aufgabe zu lösen. Während der Bearbeitung konnte beim Hinzufügen von Prozessen über die entsprechende Schaltfläche ein Fehler identifiziert werden. Erst nach dem erneuten Laden der Seite war die Weiterbearbeitung möglich. Es wurde ein Darstellungsproblem des Prozessnamens in der Prozessvisualisierung erkannt, dies führte aber zu keinen Verzögerungen. Begrifflichkeiten und Benennung der Eingabefelder führten auch hier in geringem Maße zu Verwirrung und Verzögerung. Bei den Testteilnehmern 2 und 3 erfolgte ein Anlegen der Prozessschritte intuitiv. Dennoch war ein mehrmaliges Laden der Seite notwendig, um mit der Bearbeitung der Aufgaben fortfahren zu können.

Auswertung bei Aufgabe 4:
Bei dem Testteilnehmer 4 konnten Parameter erst nach Anleitung angelegt werden. Das Zurechtfinden im Menü und die Verwirrung durch die Darstellung der Parametereingabe auf zwei Spalten führten dazu, dass diese Aufgabe nicht allein bewerkstelligt werden konnte. Die anderen Testteilnehmer bemängelten die Sortierung der Parameter, welche nicht alphabetisch ist, sowie die Bezeichnung einiger Parameter, da diese in den jeweiligen Betrieben anders betitelt werden. Mit geringfügigen Verzögerungen konnte die letzte Aufgabe absolviert werden. Auch hier konnten optische Verbesserungsvorschläge sowie Empfehlungen dokumentiert werden.

Der Usabilitytest berichtet insgesamt von 37 aufgetretenen Problemen, Fehlern oder Anmerkungen der Tester. Davon wurden zwei Probleme als kritisch eingestuft, da diese bei allen vier Testern auftraten und explizit als Usabilitynachteil genannt wurden. Basierend auf den gefundenen Usabilityproblemen und deren Prioritäten wird somit die nächste Iteration geplant.

6.6.3 Post-Session-Interview (Nachbesprechung)

Im Anschluss an die eigentlichen Nutzertests, in denen die Tester mit dem JUMP Planner direkt interagiert und alltägliche Abläufe abgebildet und nachempfunden hatten, wurden Befragungen durchgeführt. Diese hatten zum Ziel, die Erfahrungen, die die Tester in der Interaktion mit dem System gesammelt hatten, wiederzugeben und deren persönlichen Eindruck festzuhalten. Hierzu wurde eine standardisierte Methode zur Bewertung der Benutzbarkeit von IT-Systemen herangezogen (Befragung basierend auf CSUQ nach [6]). Die Methode basiert auf 19 Kriterien, die sowohl quantitativ als auch qualitativ bewertet werden. In den Befragungen wurden sowohl die qualitativen als auch die quantitativen Einschätzungen in Form von Interviews abgefragt. Zudem wurden eingangs noch sechs zusätzliche Fragen zum persönlichen Hintergrund der Tester gestellt. Diese beziehen sich auf den beruflichen Hintergrund, die bisherige Häufigkeit der Interaktion mit IT-Werkzeugen wie bspw. Mobiltelefonen und Tablets im Arbeitsalltag sowie im privaten Umfeld. Diese Fragen dienen aufgrund der geringen Stichprobengröße zur besseren Einordnung der wiedergegebenen Einschätzungen und Erfahrungen. Der Zeitrahmen für die Befragung wurde auf 20 min je Tester festgelegt und konnte mit dem insgesamt 25 Fragen umfassenden Fragebogen gut eingehalten werden. Zur besseren Auswertbarkeit und optimierten Darstellung der Ergebnisse wurden die 19 Kriterien in die Kategorien „Anwendung“, „Unterstützung im Arbeitsalltag“, „Funktionen“ und „System“ unterteilt. Die gewonnenen Erkenntnisse werden im Folgenden beschrieben.

Anwendung
Die Anwendung der getesteten Systemversion wird insgesamt positiv bewertet, insbesondere die Nutzung der Oberflächen. Allerdings wird der Einstieg in die Bedienung des vorliegenden Systems sowohl als sehr einfach als auch als sehr schwer wahrgenommen.

Dies ist hauptsächlich durch die unterschiedlichen Hintergründe der Nutzer zu erklären. Eine Rolle kann auch die in der getesteten Version noch nicht vollständig vorliegende Dokumentation spielen: „Das System ist ohne Dokumentation nicht einfach zu erlernen. Man weiß, was man tun möchte, aber die Umsetzung im System ist sehr schwierig. Ich habe alles einmal ausprobiert, es war auf den ersten Blick aber nicht ersichtlich, was wo getan werden kann bzw. soll.“ Die bereitgestellten Informationen werden leicht verstanden, nichtroutinierte Nutzer haben jedoch Schwierigkeiten, die richtigen Informationen zu finden: „Darstellung optimieren – direkter Zugriff auf die wichtigsten Parameter ermöglichen – Übersichtsfenster hinzufügen.“

Unterstützung im Arbeitsalltag

Der Mehrwert der getesteten Systemversion für den Arbeitsalltag wird insgesamt neutral bewertet, wobei eine positive Tendenz zu erkennen ist. Einzig die Zeitersparnis, die die Nutzung bringen soll, wird im aktuellen Stand des Systems negativ bewertet: „Es ist momentan noch zu aufwendig. Wenn ein Grundgerüst programmiert werden kann und Dynamik vorgesehen bzw. abbildbar ist, ist es eine Erleichterung.“

Funktionen

Sowohl die Dokumentation/Onlinehilfe als auch der Einsatz von Fehlermeldungen wird deutlich als ausbaufähig bewertet: „Ich bin oft nicht auf Fehler hingewiesen worden – ich habe keine Hilfe gefunden, obwohl ich oft nicht weitergekommen bin.“ Positiv bewertet wird hingegen die Möglichkeit, Fehler einfach zu korrigieren. Allerdings gibt es auch hier Verbesserungspotenzial: „Es gab keine Unterstützung durch das System bei Fehlern, aber die Fehler waren gut zu korrigieren.“ Die Bereitstellung der Anwenderinformationen wird sehr unterschiedlich bewertet. Als gemeinsamer Nenner ist jedoch erkennbar, dass eine gewisse Routine im Umgang mit Werkzeugen für die Prozessmodellierung von Vorteil ist. Der Aussage „Auf den ersten Blick habe ich die relevanten Informationen nicht gefunden. Hilfe vom Experten war nötig“ steht der Aussage „Überblick einfach, Darstellung gut, Darstellung schafft Akzeptanz“ gegenüber. Der Funktionsumfang des Systems wird neutral bewertet, wobei eine positive Tendenz zu erkennen ist: „Die Schwierigkeiten sind der Zeit geschuldet. Es gibt viele Punkte, die noch abgebildet werden sollten. Automatische Verknüpfungen und Bedingungen sind essenziell bzw. der wichtigste Punkt, der die Produktivität erhöht.“

System

Die Bewertung der getesteten Systemversion insgesamt lässt erkennen, dass das vorliegende System noch ausbaufähig ist: „Für das Tagesgeschäft bestehen momentan zu viele offene Baustellen. Kritik liegt nicht am Aufbau der Software – Kritik bezieht sich auf den momentanen Entwicklungsstand.“

6.6.4 Zusammenfassung

Dieses Kapitel dokumentiert die Ergebnisse des Usabilitytests des JUMP Planners. Der primäre Zweck der Evaluierung war, Stärken und Schwächen der Anwendung im Entwicklungszustand zum Testzeitpunkt aufzuzeigen. Ein sekundärer Zweck war, eine Grundlage für die Weiterentwicklung und Optimierung des JUMP Planners zu schaffen.

Die zwei wichtigsten Punkte, die von den Tester positiv bewertet wurden:

- Der Funktionsumfang entspricht den bisherigen Erwartungen und das Potenzial der Ausbaufähigkeit und Erweiterbarkeit wird als positiv betrachtet, sodass eine Zeitersparnis während der Arbeit mit dem JUMP Planner zu einem späteren Entwicklungsstand für alle Tester vorstellbar ist.
- Die farbliche Gestaltung und das moderne Design des JUMP Planners.

Zwei der Probleme waren:

- Orientierung: Der Benutzer weiß nicht, welche Möglichkeiten ihm das System bietet und wo er sich gerade in der Oberfläche befindet. Die Navigation innerhalb des Tools wurde teilweise als nicht intuitiv empfunden, sodass Informationen nicht auf den ersten Blick erkennbar waren.
- Uneinigkeit und Verwirrung über die verwendeten Begrifflichkeiten, Benennung der Eingabefelder sowie das fehlende Einblenden von Zusatzinformationen bei dem Überfahren von Schaltflächen und Eingabefeldern mit der Maus.

Zusammenfassend kann also festgestellt werden, dass die Funktionalität und der Mehrwert des Systems für den alltäglichen Einsatz klar erkannt wurden. Bedingt durch den Entwicklungsstand des Systems zum Testzeitpunkt konnte in der Bedienung noch nicht die für den produktiven Einsatz nötige Effizienz erreicht werden. Der durchgeführte Test und die daraus gewonnenen Erkenntnisse boten jedoch eine sehr gute Basis für die zielgerichtete Weiterentwicklung des IT-Werkzeugs.

Literatur

1. DIN EN ISO, 9241-1:2002-02 (2002) DIN EN ISO 9241-1:2002-02 – Ergonomische Anforderungen für Bürotätigkeiten mit Bildschirmgeräten_- Teil_1: Allgemeine Einführung (ISO_9241-1:1997) (enthält Änderung AMD_1:2001); Deutsche Fassung EN_ISO_9241-1:1997_+A1:2001. Beuth Verlag GmbH, Berlin
2. DIN EN ISO, 9241-110:2008-09 (2008) DIN EN ISO 9241-110:2008-09 – Ergonomie der Mensch-System-Interaktion_- Teil_110: Grundsätze der Dialoggestaltung (ISO_9241-110:2006); Deutsche Fassung EN_ISO_9241-110:2006. Beuth Verlag GmbH, Berlin
3. DIN EN, 60601-1-6:2016-02 (2016) DIN EN 60601-1-6:2016-02 – Medizinische elektrische Geräte_- Teil 1–6: Allgemeine Festlegungen für die Sicherheit einschließlich der

wesentlichen Leistungsmerkmale – Ergänzungsnorm: Gebrauchstauglichkeit (IEC 60601-1-6:2010+A1:2013). Beuth Verlag GmbH, Berlin,

4. DIN EN ISO, 9241-112:2017-08 (2017) DIN EN ISO 9241-112:2017-08 – Ergonomie der Mensch-System-Interaktion_- Teil_112: Grundsätze der Informationsdarstellung (ISO_9241-112:2017); Deutsche Fassung EN_ISO_9241-112:2017. Beuth Verlag GmbH, Berlin
5. Hartson R, Pyla PS (2012) The UX book. Process and guidelines for ensuring a quality user experience. Morgan Kaufmann, Amsterdam
6. Lewis JR (1995) IBM computer usability satisfaction questionnaires: Psychometric evaluation and instructions for use. Int J Hum Comput Interact 7(1): 57–78. https://doi.org/10.1080/10447319509526110
7. Moser, C. (2012). Usability testing. In: Moser C (Hrsg) User experience design. Mit erlebniszentrierter Softwareentwicklung zu Produkten, die begeistern (X.media.press, S 219–242). Springer, Berlin
8. Nielsen J (1994a) 10 Heuristics for user interface design: article by Jakob Nielsen. https://www.nngroup.com/articles/ten-usability-heuristics/. Zugegriffen: 10. Mai 2019
9. Nielsen J (1994b) Enhancing the explanatory power of usability heuristics. In: Plaisant C (Hrsg) Conference companion on human factors in computing systems, ACM, New York, S 210
10. Nørgaard M, Hornbæk K (2006) What do usability evaluators do in practice? In: Carroll JM, Bødker S, Coughlin J (Hrsg) Proceedings of the 6th ACM conference on designing interactive systems – DIS'06. ACM Press, New York, S 209–218
11. Riedemann C, Daske L, Molich R (German UPA e. V., Arbeitskreis Qualitätsstandards, Hrsg) (2014) Usability-Testbericht, Beispiel, German UPA e. V. https://www.germanupa.de/sites/default/files/public/content/2018/2018-03-15/usability-testberichtbeispiel.pdf. Zugegriffen: 5. Juni 2019

Dynamische Technologiebewertung

7

Marco Kayser, Liza Wohlfart und Frank Wagner

Produzierende Unternehmen, insbesondere KMU, stehen vor der Herausforderung, stets mit sich verändernden Marktanforderungen und neuen Technologien Schritt zu halten. Um Technologiebedarfe rechtzeitig zu identifizieren und geeignete (Investitions-)Strategien abzuleiten, ist der Einsatz von Technologiemanagementwerkzeugen unerlässlich [3].

Die entwickelte Vorgehensweise zur dynamischen Technologiebewertung ermöglicht es KMU, relevante Technologie- und Anwendungsbereiche ausfindig zu machen und zu bewerten. Diese werden anschließend unter Berücksichtigung zukünftiger Trends und Technologien zu strategischen Zielbildern weiterentwickelt und in einer integrierten strategischen Roadmap abgebildet.

Der im Folgenden vorgestellte Bewertungsansatz unterstützt KMU darin, die Dynamik der Märkte und Technologien ganzheitlich zu erfassen und zielgerichtet abzubilden.

M. Kayser (✉)
Institut für Arbeitswissenschaften und Technologiemanagement IAT, Universität Stuttgart, Stuttgart, Deutschland

L. Wohlfart · F. Wagner
Fraunhofer-Institut für Arbeitswirtschaft und Organisation IAO, Stuttgart, Deutschland

T. Knothe et al. (Hrsg.), *Die Digitalisierungshürde lässt sich Meister(n),*
https://doi.org/10.1007/978-3-662-60367-3_7

7.1 Taktische Technologiebewertung

Marco Kayser, Liza Wohlfart und Frank Wagner

Auf Ebene der taktischen Technologiebewertung werden die technischen Werttreiber (engl. „value drivers“) eines Unternehmens ermittelt. Diese werden anschließend um mögliche Komplementär- sowie Substitutionstechnologien ergänzt und innerhalb einer Produkt-Markt-Matrix bereits bestehenden und zukünftigen Märkten gegenübergestellt.

Daraus lässt sich eine Reihe potenzieller Technologie- und Anwendungsbereiche ableiten, die in einem weiteren Schritt mithilfe eines Portfolios hinsichtlich ihrer Marktattraktivität und der inneren Technologiestärke des Unternehmens bewertet werden. Die am höchsten priorisierten Anwendungen werden anschließend geclustert und münden in Minibusinessplänen. Die verschiedenen Phasen sind in Abb. 7.1 dargestellt.

Technologische Dekomposition

Die technischen Werttreiber eines Unternehmens lassen sich durch funktionales Zerlegen des vorherrschenden Technologiekomplexes, wie z. B. Produktlösungen und Wertschöpfungsprozesse, gezielt ermitteln. Diese werden nach funktionalen Aspekten heruntergebrochen und auf unterschiedliche Abstraktionsebenen herabgeführt. Dadurch entsteht eine hierarchische Gliederung von Funktionen und Technologien (Abb. 7.2).

Durch die Kombination verschiedener Technologien entstehen (Produkt-)Funktionen, die Kunden einen Mehrwert bieten. Sie werden deshalb auch als Werttreiber bezeichnet. Zudem werden Substitutions- sowie Komplementärtechnologien betrachtet, die mögliche Alternativen zu den bisher eingesetzten Technologien darstellen.

Ein positiver Nebeneffekt besteht darin, dass die Teilnehmer ein gemeinsames Verständnis hinsichtlich der wertschöpfenden Elemente ihres Unternehmens erlangen. Ebenfalls wird ihnen oft erst im Laufe der Diskussion bewusst, ob ihr Unternehmen tendenziell eher produktgesteuert oder prozessorientiert am Markt agiert. Tab. 7.1 liefert entsprechende Indikatoren für beide Möglichkeiten.

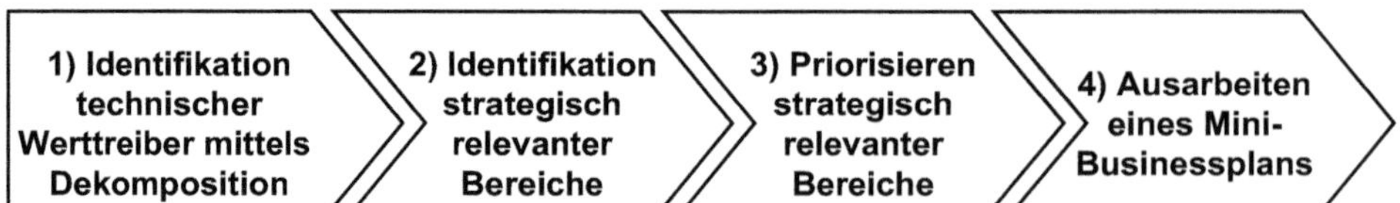

Abb. 7.1 Die Phasen der taktischen Technologiebewertung

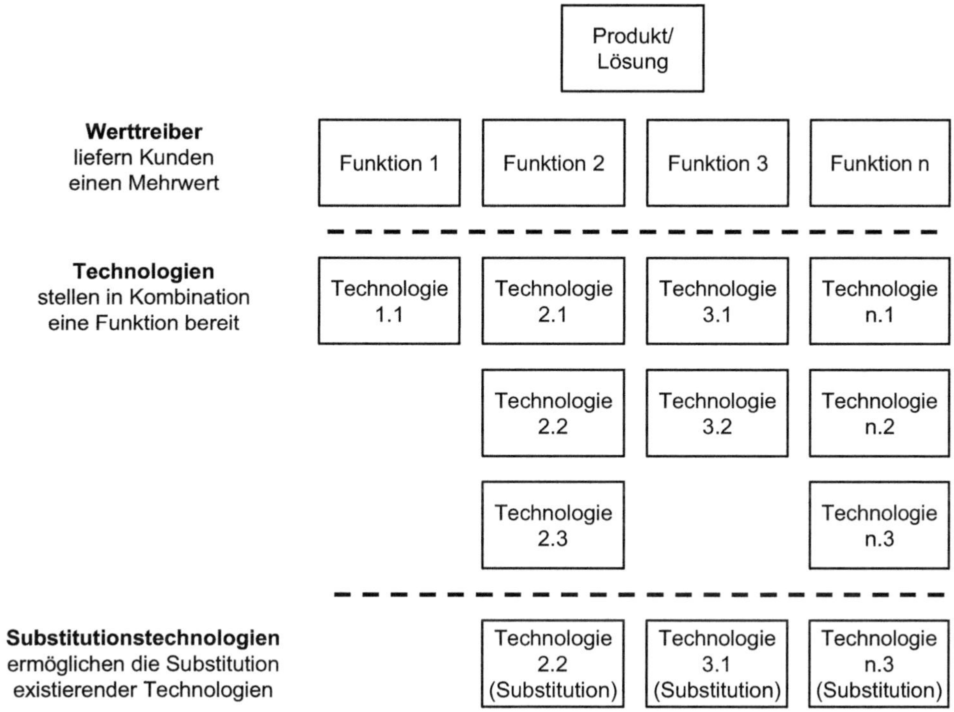

Abb. 7.2 Technologische Dekomposition

Tab. 7.1 Indikatoren für produkt- und prozessgetriebene Wertschöpfung

Indikatoren	Produktgetriebene Wertschöpfung	Prozessgetriebene Wertschöpfung
Produkte	Vielfältiges Produktspektrum, verschiedene Produktbereiche	Reduzierte Produktvielfalt und -komplexität (Komponenten)
Technische Werttreiber	Produkte weisen einen hohen Innovationsgrad auf	Beherrschen anspruchsvoller Prozesse und Verfahren
Produktspezifikationen	Ausrichtung an den Marktanforderungen	Auftraggeber definiert Produkteigenschaften
Differenzierungsmerkmale	Zum Beispiel Technologieführerschaft, eigenes Produktökosystem, innovatives Produktdesign und hohe Wiedererkennung	Zum Beispiel Know-how in Materialien und Prozessen, gesonderte Kapazitäten in der Fertigung (z. B. Maschinen und Anlagen)

Produkt-Markt-Matrix (Ansoffmatrix)
Um zu verfolgende Technologie- und Anwendungsbereiche zu identifizieren, werden mithilfe einer Produkt-Markt-Matrix aktuell eingesetzte sowie zukünftig relevante Werttreiber den Märkten gegenübergestellt, die das Unternehmen zum heutigen Zeitpunkt bereits bedient. Zusätzlich werden all jene Märkte aufgelistet, die für das Unternehmen auf lange Sicht von Interesse sind. Als Planungshorizont dienen die nächsten zehn Jahre.

Im weiteren Verlauf werden die vertikalen und horizontalen Faktoren gegeneinander bewertet. Als Bewertungskriterien dienen hierbei folgende Optionen: 1) gegenwärtige Aktivität; 2) keine Relevanz; 3) geplante Aktivität; 4) unzureichende Wissensbasis.

Die Kriterien (1) und (2) sind Ausschlusskriterien für die Identifikation neuer Technologie- und Anwendungsbereiche, da der Bereich bereits Gegenstand aktueller Aktivitäten ist oder sich das Unternehmen in der Vergangenheit bewusst gegen die Verfolgung der Option entschieden hat. Die Kriterien (3) und (4) geben Hinweise auf potenzielle neue Anwendungsbereiche, wobei letzteres Kriterium indiziert, dass weiteres Wissen in Erfahrung gebracht werden muss, um eine genauere Beurteilung treffen zu können.

Auf Basis der Ergebnisse werden im folgenden Schritt Cluster für die mit (3) und (4) bewerteten Faktorkombinationen gebildet (horizontale oder vertikale Cluster), um relevante Technologie- und Anwendungsbereiche zu identifizieren (Abb. 7.3). Gegebenenfalls müssen einzelne Spalten und Zeilen umsortiert werden, bevor Cluster gebildet werden können.

Technologie-Markt-Portfolio
Die strategische Relevanz der identifizierten Bereiche für das Unternehmen wird anhand eines integrierten Portfolios mit den übergeordneten Dimensionen Markt und Technologie

Zielmärkte / Produkte	Bestehend 1	Bestehend 2	Bestehend 3	Neu 1	Neu 2	Neu 3
Bestehend 1	✓	X	✓	X	X	X
Bestehend 2	✓	?	X	⌖	⌖	?
Bestehend 3	✓	X	✓	X	X	X
Neu 1	X	⌖	X	⌖	⌖	?
Neu 2	?	✓	?	X	X	?
Neu 3	X	⌖	?	X	X	?

✓ Gegenwärtige Aktivität
X Keine Relevanz
⌖ Geplante Aktivität
? Unzureichende Wissensbasis

Abb. 7.3 Gegenüberstellung von Produkten und Zielmärkten in einer Ansoffmatrix

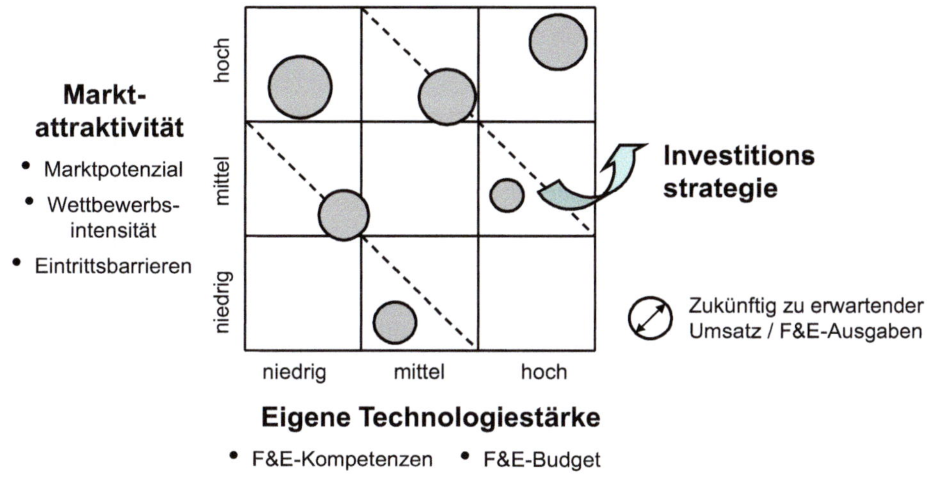

Abb. 7.4 Portfolioansatz in Anlehnung an das McKinsey-Portfolio [4] und das Technologieportfolio nach Pfeiffer [2]

ermittelt (siehe Abb. 7.4). Innerhalb eines x-y-Koordinatensystems werden die Technologie- und Anwendungsbereiche hinsichtlich Marktattraktivität (Ordinate) und Technologiestärke des Unternehmens (Abszisse) positioniert. Der Durchmesser der einzelnen Bereiche ergibt sich aus dem Verhältnis aus zukünftig zu erwartenden Umsätzen ab Markteinführung der Lösung und den bis zur Marktreife aufzuwendenden F&E-Ausgaben.

Die innere Technologiestärke beschreibt den Grad, zu welchem Fertigkeiten in der F&E des Unternehmens zur Weiterentwicklung der Technologie existieren (u. a. abhängig von F&E-Mitarbeitern, -Strategie und -Prozessen). Ebenfalls definiert sich diese Dimension über das zur Verfügung stehende F&E-Budget. Zur Beurteilung der Marktattraktivität werden Faktoren wie bspw. das Marktpotenzial der Lösung, die vorherrschende Wettbewerbsintensität im Technologie- und Anwendungsbereich sowie mögliche Eintrittsbarrieren in den Markt herangezogen.

Das finale Portfolio gibt Aufschluss über die strategisch relevantesten Technologie- und Anwendungsbereiche. Im folgenden Schritt werden die ausgewählten Bereiche nochmals genauer betrachtet und Maßnahmen für das weitere Vorgehen abgeleitet.

Ausarbeiten eines Minibusinessplans

Im letzten Schritt werden für die jeweiligen Technologie- und Anwendungsbereiche Maßnahmen abgeleitet und in einem Minibusinessplan festgehalten. Dabei handelt es sich um Aktivitäten, die notwendig sind, um Wissenslücken hinsichtlich Märkten und Technologien zu schließen:

- Einbinden externer Experten
- Deskresearch
- Beteiligung an Forschungsaktivitäten
- Teilnahme an Messen und Kongressen
- Netzwerkaktivitäten
- „open innovation days“ mit Kunden und Zulieferern
- etc.

Erste Kosten lassen sich abschätzen und Verantwortlichkeiten festlegen. Hierzu zählen bspw. die Definition von Pilotprojekten, Identifikation benötigter Technologien und Werkzeuge, zu tätigende Investitionskosten, Kooperationen mit Wertschöpfungspartnern, Technologietransfer aus existierenden Anwendungsfeldern, Umsatzerwartungen, geschätzte Amortisationsdauer etc.

Der Minibusinessplan für die verschiedenen Technologie- und Anwendungsbereiche dient den Entscheidern im Unternehmen als Orientierungshilfe für die Ausrichtung der F&E-Aktivitäten für einen Zeitraum von einem bis drei Jahren.

7.2 Strategische Technologiebewertung

Marco Kayser, Liza Wohlfart und Frank Wagner

Im Rahmen der strategischen Technologiebewertung soll eine Technologie- bzw. Produktroadmaperstellt werden, aus der sich zukünftig benötigte Kompetenzen und Ressourcen für einen Zeitraum von bis zu zehn Jahren ableiten lassen. Hierzu werden die in Abschn. 7.1 abgeleiteten Technologie- und Anwendungsbereiche unter Berücksichtigung zukünftiger technologischer Entwicklungen und Trends ins Jahr 2030 projiziert und potenzielle Entwicklungspfade hierarchisch gegliedert in einer Roadmap dargestellt. Die einzelnen Phasen sind in Abb. 7.5 dargestellt.

Technologie- und Trendradar

Das Prinzip eines Trendradarslehnt sich stark an die Verwendung eines Radars im militärischen Bereich an. Je näher sich Objekte am Zentrum des Radars befinden, desto

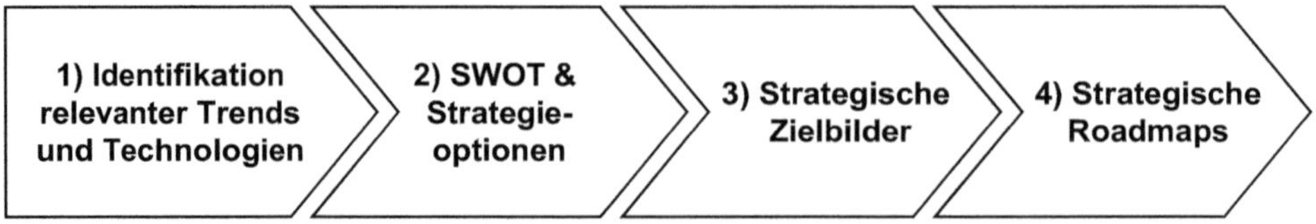

Abb. 7.5 Phasen der strategischen Technologiebewertung

größer ist deren Relevanz. Dem Trendradar liegt eine Zeitachse zugrunde, die den Abstand zwischen Zentrum und äußerem Rand des Radars bestimmt (zeitlicher Horizont). In Abhängigkeit der Branche des Unternehmens bietet sich hierfür ein Zeitraum zwischen 10 und 15 Jahren an.

Die Unterteilung des Trendradars in verschiedene Segmente kann mithilfe der STEEP-Analyse erfolgen. Dabei werden technische und nichttechnische Faktoren unterschieden. Letztere werden in soziokulturelle, ökologische, ökonomische und politische Faktoren unterteilt. Um eine höhere Granularität bei den technischen Trends zu erzielen, bietet es sich an, den Radar in verschiedene Segmente aufzuteilen. Kriterien können u. a. das Spektrum der Produktkernfunktionen (z. B. Daimler *CASE – Connected, Autonomous, Shared, Electric* [1]) oder die entlang der Prozesskette eingesetzten Technologien (Aufbereitung, Hauptprozess, Nachbearbeitung) sein. Orientierungshilfe liefert die zuvor durchgeführte technologische Dekomposition. Mögliche Darstellungsformen sind in Abb. 7.6 veranschaulicht.

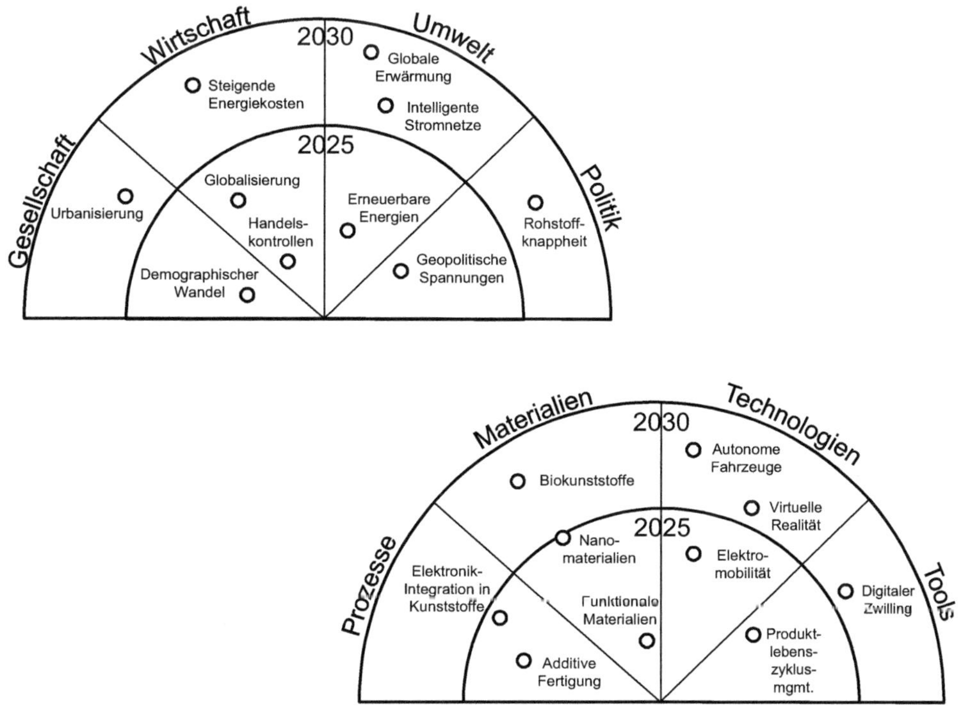

Abb. 7.6 Darstellung eines Technologietrendradars, aufgeteilt in nichttechnische Trends (oben links) und technische Trends (unten rechts)

Das Ziel ist, dass die Teilnehmer relevante Trends und Technologien identifizieren und ein gemeinsames Verständnis für Veränderungen ihres Arbeitsumfeldes entwickeln.

Ableiten von Strategieoptionen (SWOT-Analyse)

Im Rahmen der SWOT-Analyse werden zum gegenwärtigen Zeitpunkt (Stand heute) interne Unternehmensfaktoren (Stärken und Schwächen) sowie externe Umweltfaktoren (Chancen und Risiken) für die einzelnen Technologie- und Anwendungsbereiche evaluiert.

Nachfolgend lassen sich aus der SWOT-Analyse strategische Handlungsalternativen ableiten, die darin unterstützen, Stärken auszubauen, Schwächen abzubauen, Chancen zu nutzen und Risiken zu minimieren (Abb. 7.7). Die strategischen Optionen lassen sich im Anschluss noch weiter konkretisieren (Anforderungen, Herausforderungen etc.).

Strategische Zielbilder

Hier werden nun die Erkenntnisse aus den Trendradars und der SWOT-Analyse in strategische Zielbilder für die einzelnen Technologie- und Anwendungsbereiche konsolidiert. Diese beinhalten für jeden Bereich eine fiktive Beschreibung der gegenwärtigen Situation zu einem klar definierten Zeitpunkt (z. B. im Jahr 2030).

Mithilfe einer Arbeitsvorlage in Form eines Lückentexts werden unterschiedliche Aspekte wie bspw. Branchen und Märkte, Produkte und Dienstleistungen, Technologien, Kompetenzen (inkl. Partnerschaften), Kundenversprechen sowie Umsatz aus der Perspektive des zukünftigen Zeitpunkts beschrieben (Abb. 7.8).

Die Zielbilder werden gemeinsam mit den Teilnehmern final ausgearbeitet und von der Geschäftsleitung auf Plausibilität hin überprüft. Sie liefern das Zielbild für die integrierte Roadmap. Zusätzlich eignen sie sich als strategisches Kommunikationsmittel für bspw. Strategieworkshops, Ausarbeitung einer Unternehmens- oder Bereichsstrategie etc.

Planung strategischer Initiativen (Roadmapping)

Der Begriff „Roadmap" bezeichnet ursprünglich eine Übersicht über die Straßen und Verkehrswege einer Stadt (z. B. Stadtkarte, U-Bahn-Netz etc.). Roadmaps ermöglichen eine detaillierte Planung, um vom aktuellen Standort aus zum Zielstandort zu gelangen.

Interne Faktoren / Umwelt-Faktoren	Stärken (S) • Produkt-Portfolio • Technologien	Schwächen (W) • Flexibilität • Fachkräfte
Chancen (O) • Neue Märkte • Neue Trends	SO-Strategien Entwickeln neuer innovativer Produkte	WO-Strategien Einführung von I4.0-Werkzeugen
Risiken (T) • Volatilität • Wettbewerber	ST-Strategien Technologiemonitoring & -scouting	WT-Strategien Steigerung der Arbg.-attraktivität

⇨

Strategische Optionen	Anforderungen	Heraus-forderungen
...	...	...
...	...	...

Abb. 7.7 Beispielhaftes Vorgehen bei der SWOT-Analyse

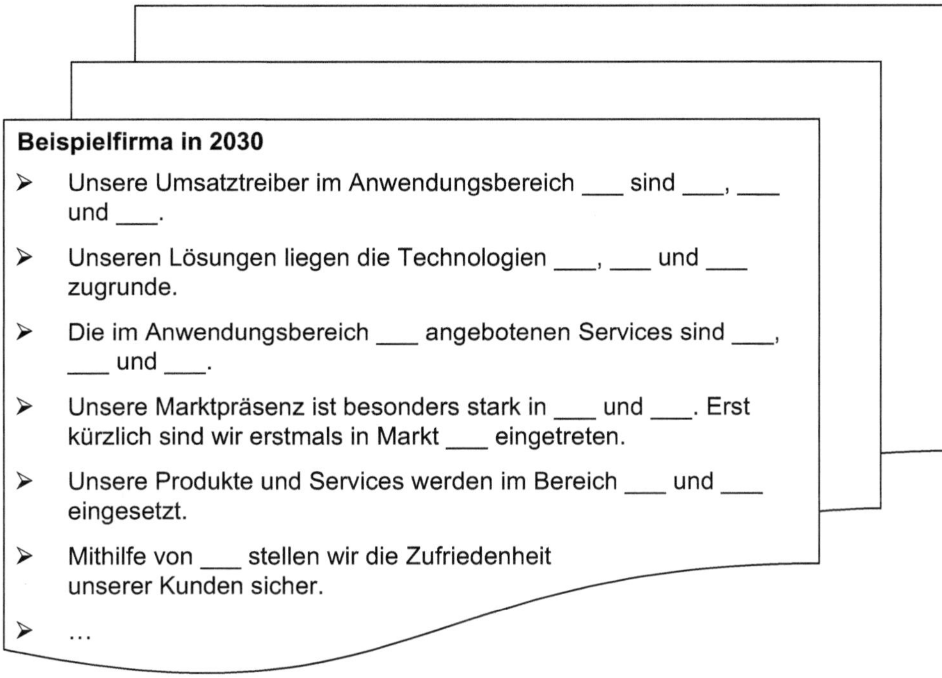

Abb. 7.8 Arbeitsvorlage zur Erstellung strategischer Zielbilder

Oftmals existieren mehrere alternative Möglichkeiten, das Ziel zu erreichen; jedoch birgt jede Alternative individuelle Vor- und Nachteile (z. B. Zeit, Strecke, Umsteigen, Preis).

Ebenso verhält es sich mit integrierten Technologieroadmaps. Diese unterstützen darin, die Planbarkeit neuer Produkt-, Prozess-, Technologie- und Materialentwicklungen zu verbessern. Technologieroadmaps stellen einen Planungsentwurf über einen längeren Zeitraum, d. h. in der Regel mehr als ein Jahr, dar. Sie ermöglichen es, die Komplexität großer Vorhaben zu reduzieren, indem sie diese in einzelne Schritte zerlegen.

Ziel im Roadmapping ist es, die einzelnen Lösungselemente, die zur Zielerreichung benötigt werden, in zeitliche und kausale Abhängigkeiten zueinander zu setzen. Hierfür werden zunächst mehrere Ebenen festgelegt (z. B. Zielmärkte, Produkte und Services, Technologien, Kompetenzen und Ressourcen). Anschließend werden für jeden Bereich die Zielmärkte aufgetragen. Als Orientierungshilfe dienen die strategischen Zielbilder.

Das weitere Vorgehen erfolgt top-down. Das bedeutet, dass zunächst die oberen Ebenen mit Lösungselementen befüllt werden und sich anschließend Schritt für Schritt bis zur untersten Ebene vorgearbeitet wird. Üblicherweise lassen sich dort benötigte Ressourcen und Kompetenzen zur Erreichung der Ziele aus den oberen Ebenen ableiten (z. B. personelle Kapazitäten, technologisches Know-how, Kooperationen mit Partnern etc.). Das Vorgehen ist beispielhaft in Abb. 7.9 dargestellt.

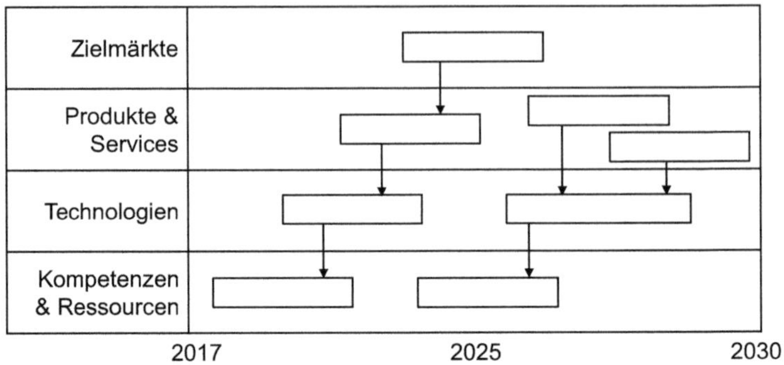

Abb. 7.9 Beispielhaftes Vorgehen bei der Gestaltung einer integrierten Roadmap

Die ausgearbeitete Roadmap dient als Grundlage für zukünftige Entscheidungen und Investments und liefert eine profunde Basis für das strategische Controlling.

7.3 Unterstützung durch IT-Werkzeuge

Marco Kayser

Es bietet sich an, die erarbeitete Roadmap in ein digitales Tool zu überführen. So lassen sich zukünftig Änderungen vornehmen, und die Roadmap kann regelmäßig aktualisiert werden. Eine relativ simple Möglichkeit, die Roadmap zu digitalisieren, bieten gängige Officetools wie bspw. Excel und Visio. Hier lassen sich die verschiedenen Ebenen sowie die zeitlichen Abstände zwischen den einzelnen Elementen mittels entsprechender Spalten und Zeilen relativ aufwandsarm nachempfinden.

Gesteigerte Funktionalität hingegen bieten spezialisierte Lösungen, die den Nutzer gezielt mittels interaktiver und grafischer Elemente beim Aufbau von Roadmaps und Trendradars unterstützen (z. B. ITONICS Roadmap). Dabei können Inhalte mit weiterführenden Informationen hinterlegt und eine Vielzahl logischer Verknüpfungen hergestellt werden. Weitere Vorteile resultieren aus der Bereitstellung der Anwendung für mobile Endgeräte oder durch die regelmäßige Aktualisierung und Verbesserung der Software.

Literatur

1. Daimler AG (2019) CASE – Intuitive Mobilität, Daimler AG. https://www.daimler.com/case/. Zugegriffen: 8. Apr. 2019
2. Pfeiffer W (1991) Technologie-Portfolio zum Management strategischer Zukunftsgeschäftsfelder (Innovative Unternehmensführung, Bd. 7, 6., durchges. Aufl.). Vandenhoeck und Ruprecht, Göttingen

3. Spath D, Linder C, Seidenstricker S (2011) Technologiemanagement. Grundlagen, Konzepte, Methoden. Fraunhofer, Stuttgart
4. Specht D, Möhrle MG (2002) Gabler Lexikon Technologie Management. Management von Innovationen und neuen Technologien im Unternehmen. Gabler, Wiesbaden

8 Handlungsempfehlungen

Benjamin Schneider, Marco Kayser, Erdem Gelec,
Hartmut Schweizer und Thomas Knothe

Im folgenden Kapitel wird ein Blick auf die KMU aus Anwendersicht geworfen. Hierzu wird zunächst ein Leitfaden vorgestellt, der Anwendern in KMU als Orientierungshilfe bei der Umsetzung von Maßnahmen der Industrie 4.0 dient. Der Leitfaden untergliedert sich in die Dimensionen Mensch, Technik und Organisation und deckt alle aufeinanderfolgenden Phasen einer Umsetzung ab. Des Weiteren wird in diesem Kapitel auf die zu beachtenden Besonderheiten im Zuge einer Systemanpassung eingegangen, wie bspw. zu berücksichtigende Standards. Abschließend wird ein Überblick über die Dos und Don'ts für KMU gegeben, eine Orientierungshilfe für einen erfolgreichen Start in die Digitalisierung.

B. Schneider (✉) · M. Kayser
Institut für Arbeitswissenschaften und Technologiemanagement IAT, Universität Stuttgart, Stuttgart, Deutschland

E. Gelec
Fraunhofer-Institut für Arbeitswirtschaft und Organisation IAO, Stuttgart, Deutschland

H. Schweizer
Institut für Angewandte Informatik, Technische Universität Dresden, Dresden, Deutschland

T. Knothe
Fraunhofer-Institut für Produktionsanlagen und Konstruktionstechnik IPK, Geschäftsprozess- und Fabrikmanagement, Berlin, Deutschland

T. Knothe et al. (Hrsg.), *Die Digitalisierungshürde lässt sich Meister(n)*,
https://doi.org/10.1007/978-3-662-60367-3_8

8.1 Leitfaden zur Umsetzung von Industrie-4.0-Maßnahmen

Benjamin Schneider, Marco Kayser und Erdem Gelec

Der Leitfaden dient Anwendern in KMU als Orientierungshilfe bei der Umsetzung von Industrie-4.0-Maßnahmen. Die Einführung einer solchen Maßnahme betrifft in der Regel mehrere Unternehmensbereiche und -ebenen. Im Zuge dieser ist es notwendig, die verschiedenen Interessengruppen zu identifizieren, technische Voraussetzungen zu klären sowie organisatorische Strukturen ganzheitlich zu betrachten. Um für das Vorgehen eine Orientierungshilfe zu bieten, ist es zielführend, Maßnahmen aus den Dimensionen *Mensch, Technik* und *Organisation* (MTO) detailliert zu analysieren, durchzudenken, zu beschreiben und auszugestalten [2]. Diese Unterteilung bildet die Grundstruktur des Leitfadens. Abb. 8.1 stellt Aufbau und Struktur des Leitfadens dar. Der zeitliche Ablauf während der Umsetzung einer Industrie-4.0-Maßnahme unterteilt sich in drei aufeinanderfolgende Phasen, welche jeweils anhand der Dimensionen *Mensch, Technik* und *Organisation* beschrieben werden.

8.1.1 Aufbau und Struktur des Leitfadens

Die drei zeitlich aufeinanderfolgenden Phasen im Leitfaden lauten:

1. Anwendungsfall ausarbeiten – Anforderungen klären
2. Detaillierung – Voraussetzungen schaffen
3. Umsetzung/Pilotierung – Pilotbetrieb

Innerhalb der Phasen und Dimensionen sind einzelne Schritte definiert, die nach ihrem Ablauf nummeriert sind. Wie in Abb. 8.1 zu erkennen ist, gibt es projektbegleitende, also phasenübergreifende Schritte und Schritte, die einzelnen Phasen zugeordnet werden können.

Die Vorgehensweise zur schrittweisen Realisierung der angestrebten Industrie-4.0-Maßnahme erfolgt iterativ. Am Ende jeder Phase findet eine auf Kennzahlen und Indikatoren basierende Überprüfung des Status der Maßnahme statt. Diese sogenannten Entscheidungsknoten sind im Leitfaden durch orangefarbene Rauten dargestellt. Lässt sich der erzielte Fortschritt anhand der Kennzahlen als zufriedenstellend beurteilen, erfolgt der Übergang in die nächste Phase. Bei Nichterreichen des angestrebten Zielzustands nach der jeweiligen Phase empfiehlt es sich, die einzelnen Schritte nochmals zu durchlaufen oder die Umsetzung abzubrechen.

Im Folgenden werden die Inhalte der drei Phasen und der zugehörigen Dimensionen kurz beschrieben, um dem Leser einen Überblick über die Inhalte des Leitfadens zu geben. Es wird jedoch nicht auf die detaillierte Vorgehensweise in jedem einzelnen Schritt eingegangen, welche im online verfügbaren interaktiven Leitfaden eingesehen

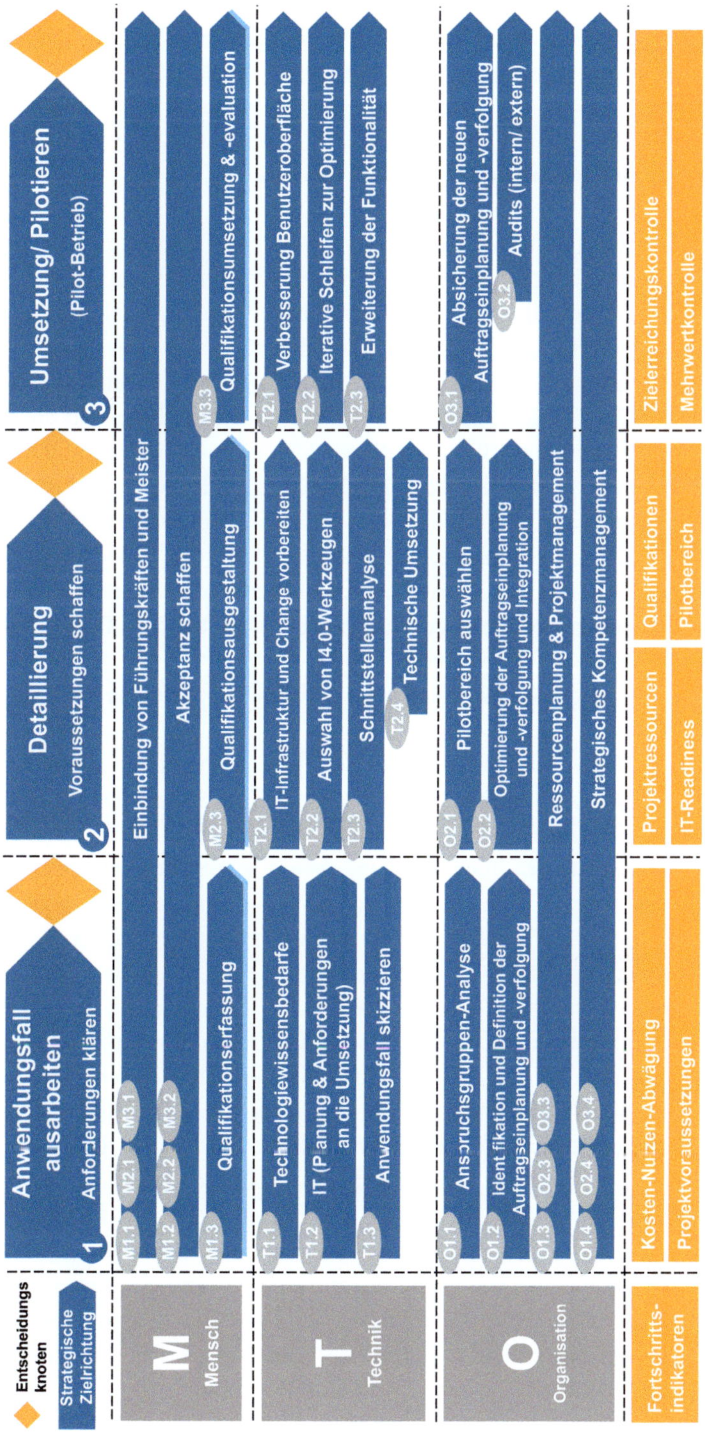

Abb. 8.1 Aufbau und Struktur des Leitfadens in Anlehnung an [1]

werden kann. Dieser ist über die Internetpräsenz des Projekts (www.jump40.de) abrufbar und bietet die Möglichkeit, sich interaktiv durch die einzelnen Phasen und Schritte des Leitfadens zu navigieren.

8.1.2 Phase 1 – Anwendungsfall ausarbeiten

In der Praxis haben Entscheider in KMU in der Regel ein implizites Bild davon, welche Bereiche sich sinnvoll durch eine Industrie-4.0-Maßnahme optimieren lassen. Im ersten Schritt gilt es, dieses implizite Bild zielgerichtet auszugestalten. Dadurch wird eine Grundlage zur Beurteilung der Sinnhaftigkeit der Maßnahme geschaffen und sichergestellt, dass alle relevanten Faktoren, die den Erfolg der Umsetzung beeinflussen, berücksichtigt werden. In dieser Phase wird der Anwender dahingehend angeleitet, das Vorhaben bzw. den Anwendungsfall innerhalb der MTO-Dimensionen auszuarbeiten.

In der Dimension *Mensch* stehen zwei entscheidende Faktoren der Industrie-4.0-Maßnahme im Mittelpunkt, einerseits das Abholen und Einbinden der Führungskräfte und Meister und andererseits das Schaffen von Akzeptanz in der Belegschaft. Zusätzlich kann und soll in dieser Phase die Kompetenz der betroffenen Mitarbeiter in Bezug auf Industrie-4.0-Technologien und -Anforderungen überprüft werden. Dies ist jedoch nur notwendig, wenn Industrie-4.0-bezogene Kompetenzen nicht bereits regelmäßig im Rahmen des strategischen Kompetenzmanagements des Unternehmens erfasst, betrachtet und entwickelt werden.

In der Dimension *Technik* ist mit der Skizzierung des Anwendungsfalls ein zentraler Schritt bei der Ausgestaltung der Maßnahme verortet. Die Skizze des Anwendungsfalls umfasst, neben den technischen Voraussetzungen bspw. im Hinblick auf die IT-Infrastruktur und die einzusetzenden Technologien, ebenfalls die umzusetzenden bzw. anzupassenden Prozessschritte sowie beteiligte Mitarbeiter und weitere organisatorische Rahmenbedingungen. Sie stellt demnach ein dimensionsübergreifendes Dokument dar. Darüber hinaus müssen Technologiewissensbedarfe, die die Maßnahme mit sich bringt, analysiert und bewertet werden. Zudem müssen Anforderungen, die die Maßnahme an die IT-Infrastruktur stellen, geklärt werden. Aus der Durchführung des Projekts resultierte die Erfahrung, dass die IT-Infrastruktur einen entscheidenden Einfluss auf den Erfolg einer Industrie-4.0-Maßnahme hat. Hierzu ist es notwendig, auch nicht direkt in die Maßnahme integrierte Systeme und deren Anbieter kritisch zu prüfen. Besonderes Augenmerk gilt es auf die zeitnahe Umsetzung evtl. benötigter Schnittstellen zu legen.

In der Dimension *Organisation* ist der für das Umsetzungsprojekt grundlegende und phasenübergreifende Schritt „Ressourcenplanung & Projektmanagement" verortet. Dieser stellt die zentrale Planungs- und Steuerungsinstanz des Projekts dar. Er stellt sicher, dass die Maßnahme bezogen auf die eingesetzten Ressourcen, den zeitlichen Ablauf sowie die zu tätigenden Investitionen zielführend und wirtschaftlich durchgeführt wird. Durch die Analyse der Anspruchsgruppen werden alle Veränderungen in der Aufbau- und

Ablauforganisation skizziert, die aus der Durchführung des Projektes resultieren. Die Unternehmensstrategie und deren Einfluss auf die Ausgestaltung der Maßnahme werden bei der Ableitung von Zielen der Maßnahme detailliert betrachtet. Dieser Schritt wird durch die Modellierung der für die Maßnahme relevanten Parameter und Kennzahlen in einem Unternehmensmodell unterstützt. In JUMP 4.0 wurde entsprechend dem Projektziel die Auftragseinplanung und -verfolgung fokussiert. Im Rahmen des strategischen Kompetenzmanagements werden bereits vorhandene Qualifikationen im Unternehmen erfasst (siehe Dimension *Mensch*) und daraus Kompetenzen für die Umsetzung der Maßnahme sowie für einen späteren Betrieb abgeleitet.

Das Ergebnis der ersten Phase ist eine detaillierte Anwendungsfallskizze, d. h. ein detailliertes Bild der Ausgangssituation im Unternehmen über die MTO-Dimensionen und somit eine fundierte Grundlage für die Entscheidung zum Übergang in die nächste Phase der Umsetzung.

8.1.3 Phase 2 – Detaillierung

In Phase 1 wurde das implizite Bild, das bei einem Entscheider bzgl. einer Maßnahme vorliegt, über die MTO-Dimensionen konkretisiert. Anschließend erfolgte mithilfe von Kennzahlen der Beschluss, dass die Maßnahme realisierbar ist und das Potenzial hat zur Schaffung von Mehrwert im Unternehmen. Nun gilt es, das bereits deutlich geschärfte Bild weiter zu detaillieren. Dies ist unerlässlich, um die notwendigen Rahmenbedingungen für eine reibungslose Implementierung zu schaffen.

In der Dimension *Mensch* muss der Fokus weiterhin auf dem phasenübergreifenden Schritt der Einbindung aller Beteiligten liegen. Dieser Schritt konnte im Projekt als zentraler Aspekt für den Erfolg einer Maßnahme identifiziert werden. Es ist sicherzustellen, dass nach dem Start der Maßnahme jeder Fortschritt transparent kommuniziert wird. Dadurch kann einer möglichen negativen Wahrnehmung in der Belegschaft vorgebeugt werden. Weiter lassen sich aus den technischen und organisatorischen Rahmenbedingungen des Anwendungsfalls die Anforderungen an die Qualifikation der Mitarbeiter ableiten. Hier kann grundsätzlich auf die Anwendungsfallskizze zurückgegriffen werden. Die detaillierten Qualifikationsanforderungen des Anwendungsfalls ergeben sich aus der Ausgestaltung der Dimensionen *Technik* und *Organisation* in dieser Phase. Ebenfalls lassen sich erste Qualifikationsmaßnahmen planen.

In der Dimension *Technik* wird die Detailplanung der technischen Ausgestaltung der Maßnahme vorangetrieben. Hierzu werden zunächst auf Basis der Anwendungsfallskizze optimal unterstützende Industrie-4.0-Werkzeuge ausgewählt. Parallel dazu werden die vorhandene IT-Infrastruktur mit der Anwendungsfallskizze sowie ausgewählten Industrie-4.0-Werkzeugen abgeglichen und, darauf aufbauend, die Handlungsbedarfe sowie die optimale Ausgestaltung der IT-Infrastruktur im jeweiligen Unternehmen festgelegt. Ein zentraler Teil der Analyse und Optimierung der IT-Infrastruktur ist die

Schnittstellenanalyse. Sie dient dazu, sicherzustellen, dass die gewünschte Durchgängigkeit der Informationsflüsse über verschiedene IT-Systeme reibungslos funktioniert. Die Anzahl der Schnittstellen zwischen den Systemen sollte hierbei für einen effizienten Betrieb der IT-Infrastruktur so niedrig wie möglich gehalten werden. Abschließend steht die technische Umsetzung der Maßnahme an. Hierbei wird der Pilotbetrieb der Maßnahme vorbereitet und sichergestellt, dass bis zum Start der Pilotphase alle technischen Voraussetzungen geschaffen wurden.

In der Dimension *Organisation* findet parallel zur technischen Ausgestaltung zunächst die Auswahl des Pilotbereichs, in dem die Maßnahme prototypisch umgesetzt werden soll, statt. Die IT-gestützte Analyse und Abbildung des Pilotbereichs basiert auf dem in Phase 1 erstellten Unternehmensmodell. Hier werden u. a. relevante Prozess-, Qualitäts- und Maschinendaten des Pilotbereichs erfasst und im Modell abgebildet. Im Rahmen von JUMP 4.0 wurde hierbei die Auftragseinplanung, -verfolgung und Integration betrachtet. Die beiden in Phase 1 gestarteten Schritte „Ressourcenplanung & Projektmanagement" sowie „Strategisches Kompetenzmanagement" werden weitergeführt und anhand der in dieser Phase zusammengetragenen Informationen weiter detailliert.

Das Ergebnis der zweiten Phase ist eine detaillierte Anwendungsfallskizze, ein detailliertes Bild der Maßnahme und deren unternehmensspezifische Ausgestaltung im ausgewählten Pilotbereich über die MTO-Dimensionen und somit eine fundierte Grundlage für die Entscheidung zum Übergang in die nächste Phase der Umsetzung.

8.1.4 Phase 3 – Umsetzung/Pilotierung

In Phase 2 wurde das Bild der Maßnahme über die MTO-Dimensionen so weit detailliert, dass der Ausarbeitungsstand die Umsetzung bzw. den Pilotbetrieb der Maßnahme zulässt. Auf Basis der Kennzahlen wurde nachgewiesen, dass die Maßnahme realisierbar ist und einen echten Mehrwert schafft. Nun gilt es, die Maßnahme im Pilotbereich umzusetzen und zu überwachen.

In der Dimension *Mensch* wird der phasenübergreifende Schritt der Einbindung aller Beteiligten weiter fortgeführt. Wurden während der vorangegangenen Phasen der Projektfortschritt und die Mehrwerte stetig transparent kommuniziert, kann nun bspw. durch eine Begehung des Pilotbereichs weitere Akzeptanz und Zustimmung in der Belegschaft erreicht werden. Weiter gilt es, die erarbeiteten und geplanten Qualifikationsmaßnahmen umzusetzen. Die im Laufe der Umsetzung aufgebauten Qualifikationen der Mitarbeiter werden anschließend analysiert und dienen als Basis für die weitere Optimierung der Maßnahme.

In der Dimension *Technik* wird der Pilotbetrieb durch mehrere Schritte der Evaluation und Optimierung begleitet. Zunächst werden hierzu mit den Anwendern des Pilotbereichs Tests durchgeführt. In diesen wird überprüft, wie die Anwender mit der technischen Ausgestaltung der Maßnahme zurechtkommen und an welchen Stellen es maßnahmen- bzw. unternehmensspezifische Verbesserungspotenziale gibt. Auf Basis der

Analyse wird die technische Ausgestaltung der Maßnahme weiter verbessert. Sind die grundlegenden Anforderungen, die Anwender und Betreiber an die Maßnahme stellen, erfüllt, wird die Umsetzung um zusätzliche Funktionalitäten erweitert.

In der Dimension *Organisation* wird der Pilotbetrieb der Maßnahme aus der organisatorischen Perspektive abgesichert. Hierzu werden die beiden in Phase 1 gestarteten Schritte „Ressourcenplanung & Projektmanagement" sowie „Strategisches Kompetenzmanagement" weitergeführt und anhand der aus dem Pilotbetrieb erhaltenen Informationen aktualisiert und weiter detailliert. Im Rahmen der Absicherung der Maßnahme wird anhand des Unternehmensmodells und der enthaltenen Kennzahlen die Zielerreichung bewertet. Zusätzliche interne und externe Audits unterstützen diese Bewertung. Auf Basis der Ergebnisse der Auswertung wird in einem finalen Schritt entschieden, ob die Maßnahme zielführend auf weitere Bereiche des Unternehmens ausgerollt werden kann.

Das Ergebnis der dritten Phase ist der evaluierte Pilotbetrieb der Maßnahme. Er bietet eine fundierte Grundlage für die Entscheidung, wie die Umsetzung weiter fortgeführt werden soll. Weitere Schritte sind die Übernahme in den Produktiveinsatz sowie das Ausrollen der Maßnahme auf weitere Unternehmensbereiche.

8.1.5 Entscheidungsknoten

Am Ende jeder Projektphase befinden sich, wie oben bereits beschrieben, Entscheidungsknoten, die durch orangefarbene Rauten dargestellt werden. Die Entscheidungsknoten dienen zur Steuerung und Überwachung des Fortschritts der Maßnahme. Sie bündeln eine Vielzahl spezifischer Kriterien, die zur Bewertung der Zielerreichung einer Phase herangezogen werden können. Diese sind als Fortschrittsindikatoren unter den jeweiligen Phasen der Umsetzung dargestellt (Abb. 8.1). Auf dieser Basis wird bewertet, ob es sinnvoll ist, in die nächste Phase der Umsetzung überzugehen, oder ob einzelne Schritte der vorangegangenen Phase nochmals kritisch überprüft werden müssen. Im interaktiven Leitfaden (www.jump40.de) sind Entscheidungsknoten und Kennzahlen detailliert beschrieben.

8.2 Systemanbieter

Hartmut Schweizer

Grundsätzlich gilt sowohl für die Erweiterung und Umstrukturierung als auch für die Neueinführung von Software und Hardware gleichermaßen die Empfehlung, aktuelle Standards zu berücksichtigen. Jeder Umstrukturierung hin zu mehr Automatisierung sollte in jedem Fall eine gründliche Bestandsanalyse vorausgehen, die die Hard- und Software und die Prozesse bzw. Prozessstrukturen einschließt, die automatisiert werden sollen. Hierzu bietet sich als Basis die IEC 62264 mit den Definitionen für Manufacturing Execution Systems (MES) bzw. Manufacturing Operation Management Systems (MOMS) an. Neben der Anwendung von Datenmodellen nach IEC 62264 betrifft dies insbesondere die vertikalen und horizontalen Kommunikationsschnittstellen in der jeweiligen Unternehmensstruktur. Neben dieser auf die klassischen MES- und ERP-Ebenen bezogenen Kommunikation betrifft dies in zunehmendem Maße auch andere Komponenten, etwa Logistiklösungen, produktionsnahes Assetmanagement oder Maintenancesysteme. Derartige Funktionalitäten werden mehr und mehr durch Datenquellen versorgt, die über Industrial-IoT-Lösungen angebunden sind. Damit dies nicht zu einer erheblichen Zunahme an Heterogenität in Bezug auf Datenformate und Kommunikationsprotokolle führt, sind auch hier Standardlösungen zu bevorzugen. Dabei sollte die Anbindung an die bestehenden Systeme ebenso Berücksichtigung finden wie die Integration zukünftiger Hard- und Software.

Für die Einführung von Software sollte im Besonderen folgenden Gesichtspunkten Beachtung geschenkt werden:

Es sind sämtliche Schnittstellen auf Integrationsfähigkeit in die Unternehmens- und Prozessstruktur (ERP, SPS, CMS, PLM) zu überprüfen. Als etablierte Standards wären hier die OPC Unified Architecture (OPC UA) oder auch das Message-Queuing-Telemetry-Transport-Protokoll (MQTT) zu nennen. Zur Kommunikation mit der ERP-Ebene empfiehlt sich u. a. die Business To Manufacturing Markup Language (B2MML). Ebenfalls ein etablierter Standard ist die Automation Markup Language (AutomationML), die zunehmend in Planung und Engineering von Anlagen eingesetzt wird.

Neben den verbindlichen Standards existieren häufig anwendungsdomänen- oder branchenspezifische Vorgaben, z. B. in der Halbleiterfertigung und der pharmazeutischen Industrie. Diese sind natürlich ebenso zu berücksichtigen, oftmals hängt von ihnen eine Zulassung oder Zertifizierung ab. Zudem sind allgemeine Empfehlungen wie Good Manufacturing Practice (GMP) und vergleichbare Best-Practice-Dokumente zu beachten.

Ein wesentliches Kriterium ist die zukünftige Erweiterbarkeit der angestrebten Lösung. Hier sind folgende Fragen zu klären und Alternativen zu ermitteln und systematisch zu bewerten:

- Ist das System prinzipiell erweiterbar (z. B. durch neue Maschinen, Sensoren, Maschinensoftwareupdates)?
- Wenn ja, wie kann es technisch erweitert werden?
- Wie hoch ist hier der Aufwand für die Erweiterung? Gibt es eine Dokumentation?
- Ist das System durch den Nutzer oder nur vom Hersteller erweiterbar?
- Ist das System updatebar? Wenn ja, wie? Wie wird ein geeignetes Updateregime definiert und umgesetzt?
- Ist die Kompatibilität bzw. Interoperabilität gewährleistet?

- Welche Zeithorizonte sind für die Nutzung des Systems (Markt- und Auslastungsprognose) und seiner Komponenten bekannt (Life-Cycle-Management)?
- Welche technologischen Entwicklungen und organisatorischen Randbedingungen sind absehbar?
- Wie kann durch eine Erweiterung die Zulassung des Produktionssystems aufrechterhalten werden, bzw. welche Maßnahmen sind erforderlich, um diese zu erhalten?
- Wie hoch ist der finanzielle Aufwand der Erweiterung im Sinne von Total Cost of Ownership (TCO)?

Besonderes Augenmerk sollte ebenfalls auf die Modellierung der zu automatisierenden Prozesse gelegt werden. Besonders zu beachten ist hierbei:

- Prozessschritte und -parameter in funktionalen Blöcken zusammenfassen (teilbar, kombinierbar, wiederverwendbar)
- Referenzieren von Betriebsmitteln und ergänzender Information, z. B. Entwurfsdokumenten (Werkstück), Bedienungsanleitung (Maschine), Auftragsunterlagen, Kundendaten (initialisierte Prozesskette)
- Versionierung der Modelle und Varianten
- Integration manueller Einflussnahme in die Prozessplanung/-abläufe (Abgrenzung zu klassischen MES-Systemen)

Zusammengefasst wird empfohlen, sich an folgenden Grundregeln zu orientieren:

- Verwenden von aktuellen Standards.
- Berücksichtigen der Kompatibilität des Bestandes.
- Neue Hardware und Software sollte aktuelle Standards unterstützen.
- In alle Richtungen denken: Kompatibilität nach oben und unten (ERP und SCADA) und horizontal in allen Unternehmensebenen.
- Strukturierte und detaillierte Modellierung der Prozesse/Prozessstrukturen.
- Ausführliche Dokumentation aller ergriffenen Maßnahmen, Entscheidungen etc.

8.3 Dos and Don'ts

Thomas Knothe

Als Orientierungshilfe für einen erfolgreichen Start in die Digitalisierung fasst die Tab. 8.1 die Do's und Don'ts für KMU zusammen.

Tab. 8.1 Was ist zu beachten?

Dos	Don’ts
Zuerst Prozesse klären und stabilisieren (siehe budatec)	Unterschätzen von Hardwarerestriktionen
Für kritische Prozesse zuerst Piloten umsetzen und Erfahrungen im Normalbetrieb machen, bevor eine integrierte Lösung angestrebt wird	Unterschätzen der Interoperabilität bestehender Lösungen, viele heutige Anbieter verfolgen einen System-Lock-In-Ansatz
Gezieltes Informieren und Einbeziehen: Wenn Prozesse geklärt sind, dann den derzeitigen und künftigen Marktbedarf aus Partnersicht (z. B. Kunden und Lieferanten) klären. Dabei insbesondere die Auswirkungen auf die Flexibilität entlang der End-zu-End-Prozesskette bewerten	Reliability von Komponenten unterschätzen. Viele Lösungen kommen aus dem Consumer-Electronic-Markt, die den industriellen Anforderungen nicht gerecht werden. Für Prototypen zur Absicherung der Machbarkeit eignen diese sich schon
Wenn Prozessänderungen und Technologiebedarfe geklärt sind, Rollenkonzepte überdenken. Eine oder zwei Kernrollen im Unternehmen festlegen, die besonders zu stärken sind. Diese Rollen sollten darauf ausgelegt sein, als Mediator/Integrator unterschiedlicher Disziplinen zu agieren	Einen Industrie-4.0-Beauftragten (aus der IT Abteilung) als Stabstelle ohne Gestaltungsspielraum einstellen. Dabei teure Spielwiesen schaffen, die das Unternehmensgeschäft zu wenig reflektieren.
Kleine „Mäuse“, jedoch eingebettet im Gesamtkontext entwickeln (Middle-out-Ansatz). Damit werden Risiken minimiert und gleichzeitig Wertschöpfungsketten ganzheitlich betrachtet	Zeiträume für Umsetzung unterschätzen
Selbst Kompetenzen aufbauen und sich nicht auf Externe verlassen	Spezifische Kompetenzen am Markt unterschätzen
Bestehende Standards so weit wie möglich nutzen	Auf Standards warten und deren Qualität überschätzen
Marktbedarf klären anstatt Technologieorientierung (manchmal ist die kleine und nichtdigitale Lösung noch besser), regelmäßig aktualisieren und mit Fähigkeiten abgleichen	Falschen Versprechungen hinsichtlich Usability wie auf den Smartphoneapps der Kinder nachgehen

Literatur

1. Geleç E (2017) Vorgehensweise der Transformation zur Industrie 4.0. In: Weinert N, Plank M, Ullrich A (Hrsg) Metamorphose zur intelligenten und vernetzten Fabrik. Ergebnisse des Verbundforschungsprojekts MetamoFAB. Berlin: Springer Vieweg, S 40–56
2. Weinert N, Plank M, Ullrich A (Hrsg) (2017) Metamorphose zur intelligenten und vernetzten Fabrik. Ergebnisse des Verbundforschungsprojekts MetamoFAB. Springer Vieweg, Berlin

9 Firma Klappdekelen – ein Jahr später

Monique Schumann

Ein Jahr später hat sich einiges bei Denise und ihrem KMU Klappdekelen getan. Mit dem JUMP Planner werden individuelle Kundenwünsche nach dem Eingang selbstständig geprüft und eventuelle Anpassungen umgesetzt. Bei wiederholten Vorgängen findet die Maschineneinstellung automatisiert statt. Die Prozessabläufe sind insgesamt transparenter, und Entscheidung können schneller getroffen werden.

Denise hat sich aber nicht nur entschieden, individuelle Karten anzubieten, sondern arbeitet zudem nun mit einigen Designern zusammen, um ihre Kunden bei der Auswahl des Layouts zu unterstützen. Neben dem Design kümmert sich das Unternehmen auch um sämtliche Aufgaben rund um das Einladungsmanagement, wie Einladungskarten versenden sowie Absagen und Zusagen koordinieren. Die Spezialisierung liegt hier auf Hochzeiten und Festivals. Damit sich der einzelne Gast auf der Hochzeit bzw. auf dem Festival einzigartig fühlen kann und nicht nur „einer von vielen" ist, kann die Eintrittskarte oder die Einladung passgenau konzipiert werden. Vor allem bei den Eintrittskarten kann der Festivalbesucher seiner Fantasie freien Lauf lassen und sich sogar seinen eigenen „Festival-Timetable" zusammenstellen, drucken und nach Hause senden lassen.

Insgesamt benötigt Denise nun 10 Mitarbeiter mehr als noch vor einem Jahr. Es wurden zusätzliche Designer, Veranstaltungskaufleute und IT-Spezialisten eingestellt.

Der nachhaltige und umweltfreundliche Fußabdruck kann durch die neu erworbenen Drucker garantiert werden. Dazu zählen der Solventdrucker, ein neuer Laminator und ein Schneideplotter für großformatige Druckergebnisse. Mithilfe eines neuen Werkstattlayouts und verringerter Lagerfläche war es möglich, die neuen Anlagen ohne Erweiterungen unterzubringen. Die Materialflüsse variieren entsprechend den eingesetzten Technologien.

M. Schumann (✉)
Fraunhofer-Institut für Produktionsanlagen und Konstruktionstechnik IPK, Geschäftsprozess- und Fabrikmanagement, Berlin, Deutschland

T. Knothe et al. (Hrsg.), *Die Digitalisierungshürde lässt sich Meister(n)*,
https://doi.org/10.1007/978-3-662-60367-3_9

Die Implementierung des JUMP Planners mit integrierter individualisierter Überwachung führte zu einer viel besseren Transparenz der aktuellen Prozesse für alle Mitarbeiter in der Werkstatt. Mithilfe dieser Transparenz, der besseren Auslastung konnten Lieferzeit und Liefertreue für den Kunden spürbar verringert werden. Gerade Kurzfriständerungen verursachen jetzt nicht mehr so viele Bauchschmerzen. Das Abteilungsdenken hat sich durch die Prozessorientierung noch nicht ganz in Luft aufgelöst, jedoch führen auftretende Probleme nicht mehr dazu, dass jeder auf den anderen zeigt.

Auswirkungen auf den Meister:

- Verbesserung der Koordination der einzelnen Aufträge in den unterschiedlichen Produktionsphasen; Entfallen von Laufwegen
- Verbesserung der Übersichtlichkeit der Prozessabläufe; mehr Zeit für Optimierungen, Verbesserungen, Weiterentwicklung

Auswirkungen auf die Mitarbeiter im Allgemeinen:

- Übernahme von Verantwortung bei der Maschineneinstellung bei Wiederholungen
- nachvollziehbarere Entscheidungen bzw. Transparenz
- Reduzierung von der Personenabhängigkeit bei Entscheidungen; reduzierte Abhängigkeit von der Entscheidungsperson

Auswirkungen auf die umgebenden Unternehmen (Kunden, Lieferanten):

- kürzere Lieferzeiten
- verbesserte Liefertreue
- erhöhte Qualität
- gesenkte Kosten
- verbesserte Dokumentation

Beispiele 10

Dirk Buße, Michael Maier, Thomas Lück und Andreas Kühl

Im Folgenden stellen sich die am JUMP-4.0-Projekt beteiligten Unternehmen näher vor. Zudem werden jeweils ihre Ausgangssituation zum Projekt dargestellt sowie ihre Lösungen und Ergebnisse beschrieben. Des Weiteren werden die Unternehmen ihre Schlüsse aus dem JUMP-4.0-Projekt ziehen.

10.1 Budatec – Industrie 4.0 berlinerisch

Dirk Buße

Die budatec GmbH (im Folgenden budatec) ist Anlagenhersteller für die Halbleiter- und Solarindustrie mit Sitz in Berlin. Hauptgeschäftsfelder sind thermische Systeme und Produkte rund um die Elektronikfertigung.

Schwerpunkte dabei sind Vakuumlötsysteme, angefangen mit kleinen Batchanlagen bis hin zu voll automatisierten Produktionssystemen. Auf diesem Gebiet hat budatec seit

D. Buße (✉)
Geschäftsführer; budatec GmbH, Berlin, Deutschland

M. Maier
Geschäftsführer; Maier Werkzeugmaschinenbau GmbH & Co. KG, Wehingen, Deutschland

T. Lück
Leiter Vertrieb und Innovation; cirp GmbH, Heimsheim, Deutschland

A. Kühl
Global Executive Officer; Corporate Unit Research, Technology, Complexity; KSB SE & Co. KGaA, Frankenthal, Deutschland

T. Knothe et al. (Hrsg.), *Die Digitalisierungshürde lässt sich Meister(n)*,
https://doi.org/10.1007/978-3-662-60367-3_10

über 20 Jahren Erfahrung. Ihre Vakuumlötsysteme werden am Standort Berlin entwickelt, gefertigt und weltweit vertrieben. In diesem Segment ist budatec einer der technologischen Marktführer, insbesondere beim Einsatz von Wasserstoff und Plasmagasen.

Budatec ist ein typischer Maschinenbaubetrieb für die Halbleiter- und Solarindustrie. 80 % der Fertigung sind Serienprodukte von Vakuumlötmaschinen. Hier trifft die Bezeichnung Serienfertigung auf den Kundenauftrag zu. 20 % sind Sondermaschinen in Einzelfertigung. Budatec ist auf dem Weg von der Werkstattproduktion zur Linienfertigung. Die Fertigungstiefe ist sehr hoch: vom Reißbrett bis zur Endmontage inklusive Software. Allein elektrische und mechanische Standardkomponenten werden zugekauft, und teilweise wird die zerspanende Fertigung ausgelagert. Die Spezialisierung ist mittel und damit flexibel.

Neben der reinen Produktion von Maschinen und Anlagen wird auch die technologische Dienstleistung im Bereich Aufbau und Verbindungstechnik in der Elektronikfertigung angeboten. Damit besteht das Geschäftsmodell von budatec aus drei Säulen:

1. Serienmaschinen im Bereich Löten und Sintern
2. Sondermaschinen und kundenspezifische Anpassungskonstruktion im Bereich Automatisierung, Löten und Sintern
3. technologische Beratung und Technologieentwicklungen im Bereich Löten und Sintern

Gegründet wurde das Unternehmen im Jahr 2009 durch die beiden Geschäftsführer Alexander Dahlbüdding und Dirk Buße. Es beschäftigt mittlerweile ein Team von über 20 Mitarbeitern, das sich aus erfahrenen Ingenieuren, Mechatronikern und Softwareentwicklern zusammensetzt.

Ziel der Firmengründung war:

- Entwicklung einer neuen Generation von Vakuumlöt- und Sintersystemen für die Leistungselektronik, Laserindustrie und Sensorenfertigung
- schnelle Aufheiz- und Abkühlraten für hohen Durchsatz
- sehr gute Heizplattenhomogenität und Reproduzierbarkeit der Anlagen
- geringer Platzbedarf
- Verfügbarkeit aller technologisch gängigen Optionen (Ameisensäure, Wasserstoff, Plasma, Flußmittelmanagment, Sinteranlagen)
- hoher Automatisierungsgrad
- Prozesskontrolle an der Baugruppe, Netzwerkfähigkeit, Industrie-4.0-Fähigkeit

Zu den Kunden von budatec zählen namhafte Technologieunternehmen, Forschungs- und Entwicklungsabteilungen renommierter Institute sowie Universitäten und Fachhochschulen.

Budatec im Überblick:

- Entwickelt und baut Vakuumlötanlagen in Berlin.
- Produktpalette von kleinen Öfen für die Forschung und Entwicklung bis hin zu vollautomatisierten Produktionsöfen.
- Weltweites Vertriebs – und Servicenetz. Fokus liegt auf Europa und Russland.
- Seit Dezember 2015 steht budatec auf dem Wista Gelände Berlin-Adlershof ein $1000m^2$ großes eigenes Produktions- und Bürogebäude zur Verfügung.

10.1.1 Ausgangssituation

Als sich die Firma budatec 2009 als Start-up-Firma mit einem einzigen Sparkassenkredit gründete, stand das Thema Produktionsorganisation und Planung nicht gerade an erster Stelle. Zwar hatten die Gründer in ihrer bisherigen Berufserfahrung sowohl in kleinen Ingenieurbüros als auch in großen Konzernen Erfahrungen in diesen Themen gesammelt, aber als Lösung für die Produktionsplanung und Organisation wurde ein preiswertes, allgemeingültiges Softwaretool geholt. Die Anfangszeit lässt sich mit den Worten „Fünf Freunde bauen eine Maschine“ beschreiben. Zwar wurde schon viel Wert auf die komplette Dokumentation der Arbeiten gelegt, aber diese in eine Organisationssteuerung oder Planung einfließen zu lassen lag noch in weiter Ferne. Dies änderte sich erst, als namhafte Kunden wie Bosch und Siemens auf dem Plan standen und sich die Mitarbeiterzahl und die Projekte signifikant erhöhten.

Jetzt wurde klar, dass es digitaler Lösungen bedarf, die die Mitarbeiter und die Firmenführung in ihrer Arbeit bei der Projektplanung unterstützen müssen.

Dies betraf sowohl die Projektplanung, angefangen bei der Angebotserstellung, Auftragsbestätigung, Kick-off-Meeting, Fertigungsdurchführung, Abnahme und den Aftersalesservice bis hin zur Lagerhaltung, Mitarbeitereinteilung und Beschaffung.

Aus der Denkweise „Dit is zu teuer, dit bezahl ick nich“ wurden erst gar nicht namhafte Softwareanbieter in Betracht gezogen. Zudem sollte der Zugriff auf Daten weiterhin über offene Schnittstellen möglich sein, sodass diese in weiteren Systemen verarbeitet werden konnten. Für die Zukunft wollte man sich alle Möglichkeiten offenhalten und bei Anpassungen nicht auf teure Hilfe des Herstellers zurückgreifen müssen. Die Wahl fiel letztendlich auf eine branchenübergreifende Standardsoftware.

10.1.2 Lösung und Ergebnisse

Als Erstes wurde ein verantwortlicher Werkstattmeister eingesetzt und das Thema Informationstransparenz und Zugänglichkeit angegangen. Hierzu wurde sich das Gerüst ISO-9001 zur Hilfe geholt, um überhaupt alle wichtigen Punkte anzufassen und sich einen Überblick zu verschaffen. Mit dem Lösungstool MO^2GO konnten so die Firmenstruktur dargestellt, die Verantwortlichkeiten festgelegt und alle Dokumente zugänglich gemacht werden. Sätze wie „Wo finde ich den Qualitätsabweichungsbericht (QAB)?" gehörten nun der Vergangenheit an.

Die ISO-Zertifizierung erfolgte dann auch innerhalb kürzester Zeit und wird jetzt alle halbe Jahre aktualisiert.

Weiterhin wurde klar, dass es eines digital geführten Lagers bedarf. Nicht kleckern, sondern klotzen! – So wurde eine halbe Million Euro für ein Lagergebäude mit zwei Paternosterhochregallagern, Schwerlastregalen und organisierten Lagerplätzen geschaffen, welche an das Produktionsplanungssystem und an die Lagerverwaltung digital angeknüpft sind. Somit wurden in der Produktion Bereiche geschaffen, die untereinander und mit dem Lager automatisch verknüpft sind.

Dies sind:

- die mechanische Fertigung (Auftragsdaten von CNC-Fräse, Drehmaschine und Bohrmaschine)
- die mechanische Vorfertigung (Grundmaschinen auf rollbaren Wagen für die Inlinefertigung mit beigestellten Projektlagerwagen)
- die elektrische Vorfertigung (Schaltbleche, Ventilinseln etc.)
- die Inbetrieb- und Abnahmeplätze
- das Lager

Bezüge und Abhängigkeiten dieser Bereiche wurden nun digital abgebildet. Jetzt ist dem Meister in der Fertigung die flexible Planung und Steuerung möglich. Auch die Problematik „eigene Softwaretools" wurde angegangen. Da budatec über eine eigene Softwareabteilung verfügt, wurden diese Ressourcen frech genutzt.

Folgende eigene Tools wurden geschaffen:

- Softwaretool „Auftrags- und Dokumentenmaker", um nach Erhalt des Auftrages alle erforderlichen Dokumente wie Ausstattung der Anlage und Projektlaufzeit, Inbetriebnahmeprotokoll, vollständige angepasste Dokumentation, Stücklisten und Pläne voll automatisch zu generieren. Vor der Einführung wurden diese Dokumente für jedes Projekt einzeln von verschiedenen Personen zusammengetragen und in einem Ordner abgelegt. Hier kam es oft zu Fehlern, da wichtige Informationen falsch oder gar nicht vorhanden waren. Der Zeitaufwand war wesentlich höher.
- Softwaretool „Projekterfassung", um eine Istzeitkalkulation des Material-, Personal- und Zeitaufwandes darzustellen und für die spätere Nachkalkulation zur Verfügung zu stellen. Diese Daten waren vorher überhaupt nicht vorhanden. Damit konnte eine gewinnorientierte Kalkulation für Folgeprojekte nicht erfolgen. Zurzeit wird noch die Rechtslage geklärt, welche personenbezogenen Daten erfasst und verarbeitet werden dürfen.

- Softwaretool „Bestellwesen“, um ausgelöste Bestellungen automatisch nachverfolgen zu können und kritische Situationen bei der Materialbeschaffung rechtzeitig und automatisiert erkennen zu können. Diese Arbeit wurde vorher vom Projektmanager manuell durchgeführt. Dabei ging die Übersicht über das Bestellwesen oft verloren, und zeitkritische Teile kamen nicht rechtzeitig an. Bei Urlaub oder Krankheit vom Projektmanager war eine geordnete Übergabe nur sehr zeitaufwendig und mit vielen Erklärungen möglich. Weiterhin war dadurch ein effektives Bestellwesen mit tagesaktuellen Lieferzeiten und Preisen nicht möglich.

10.1.3 Lessons Learned

1. *Erst flexibilisieren und Material- und Auftragsfluss optimieren.* In der Umsetzung zur JUMP-4.0-Ausrichtung für die mobile Jobplanungsunterstützung wurden alle Ablaufprozesse im Softwaretool MO^{2}GO erfasst und dargestellt. Hier konnten die ersten Analysen und Optimierungen am „grünen Tisch“ durchgeführt werden. Beispielsweise wurde die „projektbezogene Inselfertigung“ eingeführt. Dies bedeutet, dass ein Projektmanager nach der Auftragserteilung alle Baugruppen, die zur Fertigung benötigt werden, aus dem Lager ausbucht und in mobile Projektwagen packt. Nicht vorhandene Bauteile werden zur Beschaffung freigegeben. Alle Bauteile, Dokumente und Arbeitsanweisungen befinden sich nun gesammelt an einem Platz. Dies ist auch die Voraussetzung für eine spätere Digitalisierung. Damit muss sich jetzt nicht mehr wie vorher der Mechatroniker beschäftigen, sondern dieser kann sich voll auf die Montage konzentrieren. Für den Meister bedeutet dies eine Arbeitserleichterung, da die Verantwortlichkeiten klar geregelt sind und bei kurzfristigen Planungsänderungen der Mechatroniker schneller umdisponiert werden kann.
2. *Alle Daten und Prozesse digitalisieren.* Alle noch analog verwalteten Daten werden nun digital erfasst, wobei große Medienbrüche vermieden werden sollten. Das Resultat: Konzentration auf wenige Softwarelösungen. Als Mastersoftware wurde für die Prozessabbildung das Programm MO^{2}GO genutzt und für die Auftragsabwicklung eine Standardlösung.
3. *Umsetzung mit geeigneten Softwarelösungen.* Bei der Entscheidung über den Einsatz von ERP-Softwarelösungen wurden mehrere Programme verglichen. Dabei kam man zum Schluss, dass für kleine und mittelständische Unternehmen marktführende Softwaretools mit der Ausrichtung auf große Unternehmen nicht sinnvoll sind. Zum einen ist die Komplexität viel zu groß und zum anderen können die Abhängigkeiten auf Dauer zum enormen Risiko für kleinere Firmen werden. Als Lösung für die budatec wurde eine handelsübliche Standardlösung benutzt, welche den Anforderungen im Groben genügt, wo die Schnittstellen freigegeben sind, der Service bezahlbar ist und vor allem die Lizenzkosten im Rahmen bleiben. Alle zusätzlichen Softwaretools können durch eigene Mitarbeiter selber programmiert werden (budatec-Softwaretool „Auftragsbestätigungen, Projekterfassung und Dokumentenmaker“) oder bei freien Programmierern bestellt werden. Dies verschafft höchste Handlungsfreiheit.

4. *Schwierigkeiten bei der Umsetzung.* Bei der Umsetzung der Prozessoptimierung zur Jobplanung für den Werkstattmeister gab es zwei Problematiken. Einmal die konsequente Erfassung der Daten in digitaler Form: Änderungen oder Ergänzungen wurden nur handschriftlich oder gar nicht dokumentiert. Anderseits ist auch die Akzeptanz der Mitarbeiter für die Durchsetzung der Digitalisierung entscheidend.

10.2 Maier Machines – Industrie auf schwäbisch

Michael Maier

Maier Werkzeugmaschinenbau GmbH & Co. KG (im Folgenden Maier Machines) ist ein Maschinen- und Anlagenhersteller, der hauptsächlich im Bereich der Metallbe- und -verarbeitung tätig ist. Drehen, Fräsen, Schleifen und seit Neuestem die Laserbearbeitung gehören zu den Kernkompetenzen.

Im Jahr 1980 wurde durch Herbert Maier die Firma als Dreherei gegründet. 1995 wurde die erste eigenständige Maier-Maschine produziert. 2000 gab es eine Übernahme der Firma und 2009 wurde diese letztendlich durch den Sohn und jetzigen Inhaber Michael Maier übernommen.

Entwicklungen:

2010 ultraschallunterstütztes Drehen
2011 modulare Roboter und Automatisierungszelle
2014 modulare Zusatzachsen für Fräsmaschinen
2015 3-D-Druck
2016 Schleif- und Polieroptionen für Roboterzellen
2017 Integration von Laser (Fanuc-Faserlaser)

Maier Machines bietet Serienmaschinen angepasst auf die Bedürfnisse des Kunden und sein spezifisches Fertigungsproblem. Dabei setzen sie auf ein cleveres, modulares Konzept, bei dem sich die unterschiedlichen Maschinentypen hauptsächlich durch die Art und Komplexität der Bearbeitungsmöglichkeiten unterscheiden. Das Spektrum reicht aktuell von Maschinen zum Bearbeiten einfacher Werkstücke mit vier CNC-Achsen und maximal elf Werkzeugen bis hin zur High-End-Maschine der Serie F für das Komplettbearbeiten mittels 15 CNC-Achsen und bis zu 38 Werkzeugen.

Durch einen modularen Baukasten lassen sich die Maschinen an die Bedürfnisse der Kunden anpassen und skalieren. Dadurch konzentriert sich Maier Machines sehr stark auf die Nische und weniger auf die Breite. Durch die hohe Modularität entstand auch eine sehr große Fertigungstiefe, da nicht alle Komponenten in der gewünschten Baugröße zu einem annehmbaren Preis vorhanden waren. Mittlerweile werden 100 % der Blechbearbeitung, des Schaltschrankbaus, der Spindelmotoren und ein Teil der mechanischen Bearbeitung in Wehingen durchgeführt. Eine der größten Herausforderungen besteht darin, die Konstruktion mit der externen und internen Fertigung zu synchronisieren, damit alle Teile zu Montagestart bereitstehen.

Durch die breite Palette an Technologien ist Maier Machines zwar beschränkt auf die Nische, bietet hier aber Lösungen für die gesamte Breite:

- Medizintechnik: Dental- und Traumaimplantate, Instrumente, Herzschrittmacher, Endoskope etc.
- Automotive: Einspritzung, Lenkung, Nockenwellensteuerung, Kolben, Getriebe, Fahrwerk etc.
- Aerospace: Düsen, Verbindungselemente aus Superlegierungen, Sensoren etc.
- Feinwerktechnik, Uhrenindustrie, Schmuckindustrie, Elektromobilität und Elektromotoren inkl. Stecker etc.

10.2.1 Ausgangssituation

Mit Beginn des Projektes wurden die Abläufe und Prozesse im Unternehmen genauer untersucht. Für die Darstellung wurde das Lösungstool MO^{2}GO verwendet. Es wurde erkannt, in welchen Bereichen die Ansatzpunkte liegen.

Für die Konstruktion wurde eine Möglichkeit benötigt, in der die Konstruktionsdaten verwaltet werden, ein sogenanntes Product-Lifecycle-Management-System (PLM-System). Bei der Vielzahl an Baugruppen werden die Daten nur einmal erfasst, dadurch wird Zeit eingespart und Fehler werden vermieden.

Der Datenübergang von der Konstruktion zum ERP-System wurde bisher per Hand getätigt, d. h., die Fertigungslisten für die Projekte im Excelformat wurden ausgedruckt und von Hand ins Enterprise-Ressource-Planning-System (ERP-System) eingegeben. Dies war sehr zeitaufwendig und fehlerbehaftet, also musste eine Verbindung zwischen dem PLM-System und dem ERP-System hergestellt werden. Die Realisierung bedurfte einiger Vorarbeit, da die Systeme nicht kompatibel waren, bedingt durch alte Softwarestände. Die Fertigungslisten konnten nun übertragen und direkt verarbeitet werden, was eine bedeutende Erleichterung mit sich zog. Die „Zu-Fuß-Methode" im ERP-System ist aber trotzdem geblieben. Die Listen werden wie bisher ausgedruckt, in Ordner abgeheftet und zum Lagermitarbeiter gegeben, der dann die Kommissionierung vornimmt. Im Hinblick auf das neu erstellte Lagergebäude für 750.000 EUR, ausgestattet mit zwei Paternosterhochregallagern und mehreren Schwerlastregalen, wird eine effektivere Lösung benötigt. Die Lagerverwaltung wird vom ERP-System digital abgewickelt. Bildlich gesehen: Der Lagermitarbeiter fährt mit einem Einkaufswagen, der mit einem Tablet ausgestattet ist, durch die Regale und stellt die für die Baugruppen benötigten Teile zusammen, bucht diese im System direkt aus und sollte bei Bedarf die Lagerbestände auch noch korrigieren können.

Mit dem bisherigen Ablauf konnten die Geschäftsführung und der Meister nur schwer erkennen, wie der Stand der Projekte ist, denn im ERP-System wurde die Struktur der Maschine komplett aufgelöst. Es wurden dann nur noch Einzelteile verwaltet, das Prinzip der Maschinen beruht aber darauf, was auch ein großer Vorteil ist, dass die Maschinen der Maier Machines aus verschiedenen Baugruppen bestehen.

10.2.2 Lösungen und Ergebnisse

Es war erforderlich, die Abläufe im ERP näher unter die Lupe zu nehmen und nach Lösungsansätzen zu suchen. Man war sich bewusst: Die Standardfunktionen konnten dies nicht leisten. In der Struktur des ERP-Systems gibt es eine Fertigungszentrale, die hierfür verwendet werden kann. Eine IT-Abteilung, die tiefergehende Programmierkenntnisse des ERP-Systems hat, ist nicht vorhanden. Daher war man auf die Dienstleistung des Herstellers angewiesen, was einen erhöhten Zeitaufwand bedeutete. Die Programmierung wurde auf Anweisung durchgeführt, dann getestet, Änderungen konnten erst verzögert umgesetzt werden.

Im Vorfeld müssen die Parameter der Baugruppen einmalig durch Massenänderungen im ERP-System angepasst werden. Die Projekte werden dann als Fertigungsvorschlag angelegt, terminiert und abgespeichert. Mit der Fertigungszentrale kann das gesamte Projekt aufgerufen werden und die Baugruppen können verwaltet werden. Der Lagermitarbeiter kommissioniert die Bauteile auf einem Mobilteil, der Materialstatus wird wie folgt angezeigt:

- nicht begonnen
- teilweise fertig
- fertig
- entnommen
- Bestellung
- Bestellvorschlag

Somit ist in Echtzeit ersichtlich, wie die Projekte stehen, von jeder Baugruppe wird der Status angezeigt. Die Darstellung erfolgt visuell in einem übersichtlichen Cockpit, das im Netzwerk installiert ist und stets abgerufen werden kann. Die Abläufe werden in Abb. 10.1 grafisch dargestellt.

Für die Bedienung der Systeme wurden die Mitarbeiter entsprechend geschult, es wurde dabei Wert darauf gelegt, dass der zeitliche Ablauf eingehalten wurde, also erst Schulung dann die Einführung der Software.

Im Bereich der Fertigung ist ein Großbildschirm aufgebaut, an dem die Monteure die Zeichnungen der zu bearbeitenden Bauteile aufrufen können, um Details, die für die Montage wichtig sind, zu erkennen.

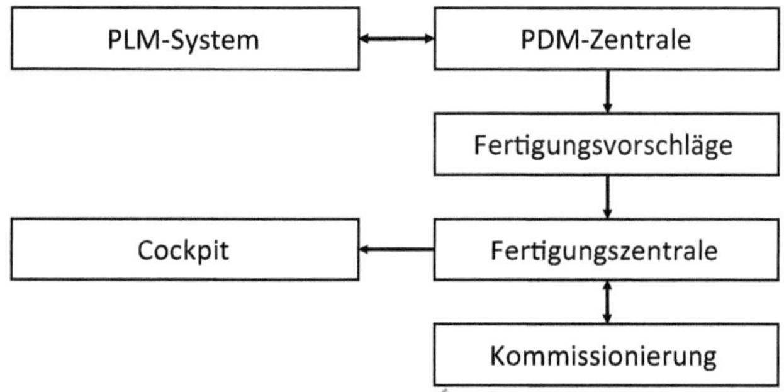

Abb. 10.1 Grafische Darstellung der Abläufe

10.2.3 Lessons Learned

Was hat man daraus gelernt? Zum einen, dass das Thema Industrie 4.0 sehr stark abhängig davon ist, wie die einzelnen Programme miteinander kommunizieren. Da es keine einheitliche Schnittstelle gibt, ist der Datenaustausch und Datenverlust das Hauptproblem. Auch die dadurch komplexen Oberflächen beeinträchtigen die Bedienung und daraus resultierend die Akzeptanz der Mitarbeiter. Von einer intuitiven Bedienung angelehnt an ein Smartphone ist man immer noch weit entfernt.

10.3 Cirp – gedruckt ist halb gewonnen

Thomas Lück

Die cirp GmbH (im Folgenden cirp) mit Sitz in Heimsheim/Baden Württemberg im Raum Stuttgart/Pforzheim wurde im Jahr 1994 gegründet.

Unter dem Motto „Kunststoffteile ab Stückzahl 1" liefert der Dienstleister für Einzelteil- und Kleinserienfertigung schnelle und qualitativ hochwertige Modelle, Prototypen, Werkzeuge und Endprodukte aus Kunststoff und gummiartigen Polymeren. Das Unternehmen konzentriert sich auf die Auftragsfertigung im Kunststoffbereich für die verschiedensten Branchen. Dabei kommen neben generativen Fertigungsverfahren auch gießtechnische Folgeverfahren, Fräsmaschinen und Spritzgießanlagen zum Einsatz. Cirp betreibt heute 25 additive Fertigungsanlagen und deckt das ganze Spektrum des Kunststoff-3-D-Drucks ab – von Stereolithografie (STL), selektivem Lasersintern (SLS), Multi-Material-3-D-Druck (Polyjet 3D Printing) und Digital Light Processing (DLP) bis hin zum Fused Deposition Moulding (FDM). Über diese Verfahren stellt cirp Kunststoffteile für Kunden im In- und Ausland her. Cirp ist gerade in den letzten Jahren als Partner der Automobilindustrie, aber auch im Maschinenbau, der Medizintechnik und in vielen verwandten Branchen regelmäßig und deutlich gewachsen.

Das Unternehmen lässt sich grundsätzlich in zwei Produktionsbereiche unterteilen: Rapid Prototyping und Rapid Tooling. Der Rapid-Prototyping-Bereich ist auf eine schnelle Herstellung qualitativ hochwertiger Prototypen direkt aus den CAD-Daten mittels generativen Fertigungsverfahren spezialisiert.

Im Rapid Tooling werden Spritzgusswerkzeuge in Form von Aluminiumeinsätzen hergestellt, wobei die Lieferzeiten und Kosten deutlich niedriger als bei konventionellen Serienwerkzeugen sind. Die Auftragsbearbeitung dauert vom Eingang der CAD-Daten bis hin zur Auslieferung der Teile in der Regel drei Tage bis sechs Wochen. Die größte Herausforderung für das Unternehmen stellt die im Prototypenbau übliche parallele Bearbeitung zahlreicher Aufträge mit kurzen Durchlaufzeiten für die vielfältigen Branchen dar. Hierbei müssen Arbeitsschritte oftmals während der Auftragsbearbeitung flexibel an sich ändernde Rahmenbedingungen angepasst werden.

Der Bereich Rapid Tooling mit seiner mehrstufigen Wertschöpfungskette diente JUMP 4.0 als vorrangiges Anwendungsszenario.

Zusätzlich zur reinen Produktherstellung unterstützt das Unternehmen seine Kunden auch im gesamten Produktentstehungsprozess, vom Prototyp bis hin zum fertigungstechnisch optimierten Bauteil.

Im Jahr 2008 wurde ein Firmengebäude mit Halle errichtet. 2013 wurde der Betrieb um einen weiteren Produktions- und Verwaltungskomplex erweitert. Das Unternehmen bietet auch Schulungen in den Bereichen Kunststofftechnik und generativer Fertigung an.

Cirp beschäftigt inzwischen ca. 85 Mitarbeiter und gibt seine Erfahrung regelmäßig an Auszubildende in den Bereichen Betriebswirtschaft, technischem Modellbau und Spritzguss weiter.

10.3.1 Ausgangssituation

Für die gemeinsame Arbeit der Partner im Projekt JUMP 4.0 und ihre in vorangegangenen Kapiteln beschriebenen Ziele und Vorgehensweisen bot die cirp GmbH gute Voraussetzungen, die auch heute gelten:

- Cirp ist seit 2000 nach ISO 9001 zertifiziert.
- Alle relevanten Prozesse sind in einheitlicher Modellierung abgebildet.
- In einem ERP-System bearbeiten die Mitarbeiter alle kaufmännischen Prozesse – vom Angebot über die Auftragsbestätigung, den Lieferschein, die Rechnung bis hin zur Mahnung
- Die den Auftragsdurchlauf betreffenden Vorgänge werden durch eigene Listen und Dokumente unterstützt. Methodische Schritte und technische Lösungen sind bereits standardisiert.
- Eine motivierte Mannschaft treibt selbstständig und kontinuierlich Verbesserungen voran.
- Die Aufgaben für regelmäßig wiederkehrende Auftragstypen sind unter den Mitarbeitern klar aufgeteilt.

- Die Wertschöpfung und die Rollen sind in Abteilungen und Teams organisiert, um die sich auf dem Hallenboden Mitarbeiter in einer Meisterrolle kümmern. Je nach Größe des Bereichs übernimmt die Meisterrolle auch weitere Aufgaben in der Kalkulation und in der Kundenkommunikation.

Die cirp GmbH stieg mit großem Interesse in das Projekt JUMP 4.0 ein. Als Teil der – in den letzten fünf Jahren stark gehypten – 3-D-Druck-Industrie sah und sieht sich das Unternehmen einigen Herausforderungen gegenüber:

1. Hohe Wachstumsraten müssen organisatorisch verdaut werden.
2. Für Wachstum bedarf es qualifizierten Personals.
3. Die Aufgabenteilung in dem früher kleineren Unternehmen mit 15 Angestellten sah deutlich anders aus als heute mit 75 oder 85 Mitarbeitern.
4. Die Übersicht über aktuelle Vorgänge und Aufträge lässt sich nur noch mit entsprechenden EDV-Tools beherrschen.
5 Der Markt zeigt eine wachsende Dynamik: Wettbewerb, Technologieangebot, Kundenanforderungen und disruptiv annoncierte Neuigkeiten stellen Unternehmensplanung und Wandlungsfähigkeit vor große Herausforderungen. Als KMU fällt dazu der Blick in die Glaskugel nicht leicht.
6. Gleichzeitig wächst der Anspruch an Transparenz: Zum einen durch die verschiedenen Rollen im Unternehmen und zum anderen – noch wichtiger – durch den Kunden.

Im täglichen Umgang mit den Schritten der Wertschöpfungskette steht die Meisterrolle regelmäßig vor Herausforderungen, die für vergleichbare KMU typisch sind:

- Kunden ändern kurzfristig Umfang, Ausführung, Lieferadresse, Terminwunsch oder andere Größen ihres Auftrags.
- Sonderwünsche aus anderen Abteilungen oder von Kunden zwängen sich unvorhergesehen zwischen einen zuvor abgestimmten Planungsablauf.
- Weitere Störgrößen wie verspätete Materiallieferungen, Mitarbeiterausfall, Maschinenausfall oder andere technische Schwierigkeiten bringen die Planung durcheinander (und den Meister ins Schwitzen), dürfen aber die Zusagen gegenüber den Kunden nicht gefährden.

Gerade im Marktumfeld der cirp GmbH spielt die Lieferzeit und die Liefertreue neben Preis und Qualität eine besonders wichtige und bestellentscheidende Rolle.

Genau in diesem Spannungsfeld sah und sieht die cirp GmbH eine große Chance darin, EDV-Werkzeuge, Abläufe, Mitarbeiterrollen und Maschinen enger zu verknüpfen. So soll der Meister bei der Planung und der Kontrolle seiner Auftragsabläufe stärker unterstützt werden, ohne entmündigt zu werden.

10.3.2 Lösung, Ergebnisse und Lessons Learned

Drei Jahre intensive Arbeit im eigenen Haus und in Zusammenarbeit mit den Projektpartnern lassen sich nicht einfach zusammenfassen. Daher werden dem geneigten Leser dazu auch die entsprechenden Abschnitte in vorangegangenen Kapiteln, z. B. die des IAT zu Zukunftsszenarien (Abschn. 3.1), ans Herz gelegt.

Prozesse

Die cirp GmbH hat bereits vorhandene Prozessmodelle vollständig in MO^2GO überführt und die zugehörige Systematik erlernt. Im engen Austausch mit Projektpartnern und Kollegen ergab sich dabei ein deutlicher Fortschritt in Klarheit und Detaillierung. Gerade die Zuordnung von Aufgaben und Dokumenten zu Rollen benötigt in einem schnell wachsenden Unternehmen regelmäßige Reflexion.

Planung und Abkürzungswahn

Im Kontakt mit den akademischen Partnern sahen sich die cirp-Kollegen zunächst einem Berg von Fachbegriffen und Abkürzungen gegenüber. Schnell zeigte sich, dass für die Wünsche von cirp nach noch integrativerer Unterstützung weitere Systeme von Drittanbietern in Betracht zu ziehen sind. Gerade im Umgang mit Softwareanbietern und Systemhäusern waren die erlernten Definitionen von ERP, MES, CRM und vielen anderen äußerst hilfreich.

Softwareanbieter

Der Markt der Anbieter für Unternehmenssoftware scheint unübersehbar. Manche haben den Anspruch, für jede Branche und alle Prozesse geeignet zu sein, andere spezialisieren sich klar. Daraus Lösungen zu filtern, die zukunftsfähig sind und die heute perfekt zu einem Unternehmen passen, ist außerordentlich schwer und für Mitarbeiter eines KMUs nicht allein zu bewältigen. Neben täglichen Aufgaben fehlt es schlicht an der Zeit für Recherche und Auswertung. Die Auseinandersetzung mit Softwarehäusern ist zeitintensiv und braucht gute Vorarbeit, insbesondere eine möglichst klare Definition von Anforderungen.

Die Krux daran ist: Um Anforderungen zu definieren, muss erst verstanden sein, was möglich ist oder zumindest möglich sein sollte.

Hier hat cirp vom intensiven Austausch im Projekt massiv profitiert und damit die Vision entwickelt, wie übermorgen „cirp-4.0-Abläufe“ aussehen sollen.

Wie bei Thomas Knothe in Abschn. 4.4.2 zuvor beschrieben, kommt es einem KMU entgegen, wenn für verschiedene Themen diverse bezahlbare Unternehmenssoftwares ohne Medienbruch kombiniert werden können. Das KMU darf nicht zu sehr in Abhängigkeit geraten und muss auf Veränderung schnell mit neuen Modulen vom Markt reagieren können. Wenn sich dann die Softwaretools über neutrale Schnittstellen einig sind, Daten in neutralen Datenbanken abgelegt werden und die Verknüpfung der Module der Prozessmodellierung z. B. in MO^2GO automatisch folgt, wird ein Traum Wirklichkeit.

Die Ernüchterung aller KMU im hier zugrunde liegenden Forschungsvorhaben bleibt aber: Noch ist es ein Traum.

Für cirp sah im Projektverlauf die kurzfristige Lösung als Maßnahmenpaket wie folgt aus:

- Die Projektplanung und -steuerung über Listen wurde deutlich verfeinert und mehrbenutzerfähig gemacht.
- Erkannte Verbesserungspotenziale aus der reflektierten Prozessmodellierung, der Arbeit an den Planungstools und den Rückmeldungen aus wertschöpfenden Bereichen und Qualitätsmanagement flossen in eine Optimierung der Abläufe ein.

Maschinenkommunikation

Cirp hat sich mit der Anbindung von Maschinen im Sinne der Industrie 4.0 intensiv beschäftigt und dabei vergleichbare Ernüchterung erfahren wie zuvor bei der Unternehmenssoftware. Die Welt der Maschinen hängt gegenüber der bunten Industrie-4.0-Welt in den Medien deutlich hinterher. Während der dreijährigen Projektlaufzeit war ein deutlicher Fortschritt im Angebot und im Problembewusstsein zu spüren z. B. beim Rundgang über Fachmessen.

Im für JUMP 4.0 ausgewählten Anwendungsszenario betreibt cirp vier Fräsbearbeitungszentren und inzwischen sieben Spritzgießmaschinen, deren Baujahre zwischen 1999 und 2013 liegen.

Keine dieser Maschinen verfügt ab Werk über eine neutrale 4.0-fähige Schnittstelle, über die Zustände, aktuelle Auftragsdaten, Stückzahlen und andere Größen ausgetauscht werden könnten.

Aber Maschinen verfügen über Schnittstellen:

- Schnittstellen, um alte Nadeldrucker mit Daten zu versorgen
- Schnittstellen, um Einstelldaten auf USB-Sticks zu speichern
- Schnittstellen, um mit einem Leitstand aus dem Angebot des Steuerungs- oder Maschinenherstellers zu kommunizieren

Alle diese Schnittstellen bieten eine Basis, um selbst eine Kommunikation mit diesen Maschinen zu entwickeln. Ähnlich wie budatec verfügt cirp heute über eigene Programmier- und Entwicklungskapazitäten für EDV-nahe Hardware. Damit ließen sich Verbindungen auch zu den ältesten Maschinen aufbauen.

Beispielsweise hat cirp die älteste Krauss-Maffei-Spritzgießmaschine im Haus in Eigenentwicklung mit einer Schnittstelle ausgestattet, die der neusten Norm Euromap 77 [1] auf Basis OPC-UA entspricht. Euromap 77 wurde erst 2015 als Entwurf vom VDMA veröffentlicht.

Abb. 10.2 zeigt einen von cirp entwickelten und hergestellten Adapter. Dieser simuliert einen USB-Datenspeicher und verbindet sich gleichzeitig mit dem hausinternen Server. Auf diese Weise können ältere Spritzgießmaschinen zur „Echtzeitdatensicherung“ im Sinne von Industrie 4.0 einfach angebunden werden.

Abb. 10.2 Adapter zur Anbindung von älteren Spritzgießmaschinen zur „Echtzeitdatensicherung“ im Sinne von Industrie 4.0

10.4 KSB – alles im Fluss

Andreas Kühl

Die KSB SE & Co. KGaA (im Folgenden KSB) ist einer der führenden Hersteller im Pumpen- und Armaturenmarkt und Anbieter umfangreicher Serviceleistungen. Mit 33 Produktions- und Montagestandorten in 16 Ländern sowie einem engmaschigen Vertriebs- und Servicenetz sind KSB-Mitarbeiter in mehr als 100 Staaten aktiv. Mit rund 15.500 Mitarbeitern erzielte der Konzern 2017 einen Umsatz von rund 2197 Mrd. EUR.

Johannes Klein erfand einen „Kesselspeiseautomaten“. Um diesen industriell zu fertigen, gründet er 1871 mit Friedrich Schanzlin und Jacob August Becker die Maschinen- & Armaturen-Fabrik Klein, Schanzlin & Becker Frankenthal. 1905 übernimmt Jacob Klein die Fabrik. Er will eine Gruppe aus Unternehmen aufbauen, um die breite anwendungstechnische Ausrichtung in größerem Maßstab zu nutzen. Er setzt mit kaufmännischem und organisatorischem Geschick den Erfolg fort. Die erste Auslandsvertretung gründet er 1898 in England. Seit 1887 ist KSB eine Aktiengesellschaft; Jacob Klein besitzt zunächst keine Aktienmehrheit. Sein Prokurist und engster Mitarbeiter, Otto Kühborth, erhält von ihm die Aufgabe, dies zu ändern – was ihm auch gelingt. 1964 ändert Dr. Otto Klein-Kühborth, in Würdigung der Zielsetzungen von Johannes und Jacob Klein, nach denen er selbst lebt und die auch seine eigenen sind, die Eigentumsverhältnisse als Vermächtnis.

Er übereignet der 1960 gegründeten gemeinnützigen KSB-Stiftung auf dem Schenkungswege seine qualifizierte Aktienmehrheit an der Klein Pumpen GmbH, nachdem sein Sohn, Wolfgang Kühborth, als alleiniger Erbe, Erbverzicht geleistet hat. Die Nachkommen von Dr. Wolfgang Kühborth gestalten in der Klein Pumpen GmbH und im Aufsichtsrat die Zukunft des Unternehmens aktiv mit. Sie unterstützen den Erhalt und den Ausbau der Technologieführerschaft, der globalen Präsenz sowie der Aus- und Weiterbildung.

Die Marke KSB steht für technische Kompetenz, exzellente Qualität und höchste Sicherheit. Sie verspricht: Technik, die erfolgreich macht.

Für ihre Kunden ist KSB weltweit in Bewegung. Sie pumpt Flüssigkeiten oder sperrt diese mit Armaturen sicher ab. Was KSB von anderen Anbietern unterscheidet, ist die Kompetenz, mit der sie für nahezu jedes Fördermedium und jeden Anwendungsfall eine Lösung findet. Extreme Temperaturen und höchste Drücke sind dabei vertraute Einsatzbedingungen, aggressive, explosive oder toxische Medien nur eine Frage von Material und Sicherheitskonzept. Auch Feststoffe wie Sand, Steine oder Erze können KSB-Maschinen mit Spezialpumpen hydraulisch fördern. So sind KSB-Produkte in Wasser- und Klärwerken, in Industrieanlagen und Hochhäusern ebenso in Betrieb wie in Großkraftwerken, im Bergbau oder auf Bohrplattformen.

Die Aktivitäten der KSB-eigenen Forschungszentren konzentrieren sich auf die Gebiete Hydraulik, Dichtungstechnologie, Werkstoffe und Fertigungstechnik. Wachsende Bedeutung für die Produktentwicklung gewinnt die Steuer- und Regeltechnik. Die Produktentwicklung zielt auf geringen Energieverbrauch, hohe Verfügbarkeit, lange Lebensdauer und höchste Sicherheit. Die Schwerpunkte sind dabei Hydraulik, Werkstofftechnik, Automations- und Antriebstechnik und die digitale Transformation.

10.4.1 Ausgangssituation

KSB sieht sich seit 2015 mit folgenden Trends und Megatrends konfrontiert:

- zunehmende Volatilität im wirtschaftlichen Umfeld
- weltweite Angleichung der Produkte (Hightech wird zu Commodity)
- Individualisierung der Kundenbedürfnisse
- Digitalisierung der kompletten Wertschöpfungskette
- Verlagerung der Wertschöpfung in Serviceaktivitäten
- Notwendigkeit der Entwicklung zukunftsfähiger Businessmodelle
- zunehmender internationaler Wettbewerb sowohl im Export als auch in den angestammten Heimmärkten
- zunehmender Preisdruck

Ein wesentlicher strategischer Wettbewerbsvorteil in diesem Umfeld ist die Fähigkeit, mittels digitaler Werkzeuge die Geschwindigkeit und Flexibilität in der Wertschöpfung dramatisch zu erhöhen. Geschwindigkeit ist heute wichtiger als der Preisvorteil.

Flexibilität, um auf Kundenwünsche zu reagieren, ist wichtiger als ein Vollsortiment. KSB hat umfangreiche Erfahrungen mit digital unterstützten Wertschöpfungsketten im Maschinenbau und setzt in nennenswertem Umfang Konfiguratoren im Verkauf und der Produktion von Neuprodukten ein.

Für die Ausweitung des Geschäfts im Service bzw. Aftermarket sind analoge Ansätze gekoppelt mit einem bedarfsangepassten Prozessmanagementsystem unabdingbar. JUMP 4.0 schaffte dafür die Voraussetzungen.

10.4.2 Lösung und Ergebnisse

Das Fraunhofer-Institut für Produktionsanlagen und Konstruktionstechnik hat KSB bereits bei der Einführung eines globalen Geschäftsprozessmanagements unterstützt. Auf diese Weise wurden einerseits strategische Grundlagen und Strukturen für das Prozessmanagement etabliert und andererseits wurde kurzfristig operativer Nutzen für das Tagesgeschäft der KSB erzielt.

Mithilfe von JUMP 4.0 verfolgte die KSB das Ziel, ihr bestehendes Prozessmanagementsystem auf den Shopfloor bis hin zum Meister in der Fertigung auszuweiten, um Aufträge fertigungsnah einplanen und steuern zu können. Durch das dynamische Prozessmanagementsystem sollte der Meister künftig in der Lage sein, kundenauftragsindividuelle Prozessstrukturen bis auf Maschinenebene ad hoc ein- und umzuplanen sowie zu überwachen.

Zum einen sollte hierdurch das Servicegeschäft in den regulären Angebots- und Auftragsabwicklungsprozess integriert, zum anderen sollte die Nachverfolgung hochkritischer Serviceparameter ermöglicht werden.

Durch die Einführung des interaktiven Prozessmanagementsystems erwartete KSB eine optimierte Flexibilität und Performance ihrer mittelstandsorientierten Servicewerke, sodass der Servicegrad für kurzfristige Aufträge um den Faktor 1,5 verbessert werden konnte.

KSB hat ein eigenes Szenario zum „Industrial Service“ beschrieben und gleichzeitig sichergestellt, dass die anderen Anwendungsszenarien vergleichbar definiert sind. Dadurch konnten folgende Ziele erreicht werden:

- Schaffung von Transparenz bzgl. Planung und Steuerung der Werkstattfertigung
- Ableitung von qualifizierten Anforderungen an das modulare Einplanungssystem inkl. Erfolgskriterien

Die Entwicklung des interaktiven Prozessmanagementsystems erfolgte nach KSB-spezifischen Randbedingungen, sodass Systemanpassungen einfach möglich sind. Zur arbeitswissenschaftlichen Begleitung hat KSB qualifizierte Mitarbeiter und Führungspersonal für Interviews und Analysen zur Verfügung gestellt. KSB wird auf Basis des Grundkonzepts die erarbeiteten Lösungen spezifisch für den KSB-Anwendungsfall implementieren.

Dazu werden die Lösungen entlang des Szenarios realisiert und für einzelne Aufträge angewendet. Hauptfragestellung ist die Anwendung von Fließprinzipien in der Werkstattfertigung.

10.4.3 Lessons Learned

Die KSB AG entwickelte bereits im Jahr 2007 ein integriertes Angebots- und Auftragsmanagementsystem, mit dem sowohl mit der Prozessintegration die Durchlaufzeit und der Aufwand im Auftragsdurchlauf drastisch reduziert als auch die Komplexität der Variantenvielfalt (Wiederholfaktor von 1,4 bei 70.000 Pumpen/Jahr) für den Mitarbeiter verringert werden konnte. Dieses System wird derzeit aus Sicht des Frontloadings um Lösungen für die schnellere Umsetzung neuer Geschäftsmodelle im Rahmen des Flexinetprojektes erweitert.

Dadurch konnte KSB die detaillierte Aufnahme und Beschreibung der Anwendungsszenarien als Grundlage des Entscheidungsbaumes für alle Entwicklungen sowie bei der Definition und Verifizierung der Prozess- und Anforderungsbeschreibungen in der IUM Methodik und des prozessbasierten Requirementsmanagements sehr effizient erarbeiten.

KSB beschäftigt sich aktuell sehr mit agilen Prozessen und der Umstellung von Produktentwicklungen auf agile Methoden. Ein Teilaspekt ist die entwicklungsbegleitende Bewertung der Lösungen zur agilen Prozessorganisation im Kontext der linienorientierten Werkstattfertigung. Besonderes Augenmerk wird auf den dynamischen Rollenwechsel und seine Auswirkungen auf erforderliche Fähigkeiten und Unterstützungssysteme gelegt. Dieser Wandel beinhaltet jedoch einen erheblichen Anteil an Veränderungsfähigkeit und -willen. Die Herausforderung besteht nicht nur in der Implementierung von Softwarelösungen, sondern vor allem auch in der Mitnahme der verantwortlichen Mitarbeiter. Dazu hat KSB bereits umfangreich die erforderlichen Kompetenzen aus Fach- und Führungssicht anhand des vorgegebenen Rahmenwerks sowie die sich zeitlich und auftragsbezogen ändernden Kompetenzen analysiert und systematisiert. Die notwendige Integration in die IUM ist geplant.

Literatur

1. Weber H (EUROMAP, Hrsg.) (2018) EUROMAP 77, EUROMAP. http://www.euromap.org/en/euromap77. Zugegriffen: 5. Juni 2019

Ausblick 11

Sven O. Rimmelspacher, Marco Kayser, Jan Batzer und Patrick Gering

Im nachfolgenden Kapitel wird zunächst ein Ausblick aus Perspektive der Anwender und technischen Partner gegeben, eine Prognose darüber, was sich für KMU und den Meister durch JUMP 4.0 ändern wird. Im Anschluss wird ein Ausblick aus Perspektive der Forschung erfolgen, in dem die aktuellen Themen und Schwerpunkte hinsichtlich Industrie 4.0 in KMU aufgezeigt werden.

11.1 Ausblick aus Perspektive der Anwender und technischen Partner

Sven O. Rimmelspacher und Marco Kayser

Der Meister, der bereits ein sehr hohes technisches Verständnis mitbringt, wird dieses zukünftig dazu einsetzen, sich Maschinendaten für seine Planungsaktivitäten zunutze zu machen. Dadurch rücken die Mensch-Maschine-Kommunikation und entsprechende Schnittstellenkonzepte zunehmend in den Vordergrund. Planungs- und Kalkulationstools, die mit Maschinendaten angereichert werden, unterstützen den Meister bei seinen

S. O. Rimmelspacher (✉)
Geschäftsführer, Pickert & Partner GmbH, Pfinztal, Deutschland

M. Kayser
Institut für Arbeitswissenschaften und Technologiemanagement IAT, Universität Stuttgart, Stuttgart, Deutschland

J. Batzer · P. Gering
Fraunhofer-Institut für Produktionsanlagen und Konstruktionstechnik IPK, Geschäftsprozess- und Fabrikmanagement, Berlin, Deutschland

T. Knothe et al. (Hrsg.), *Die Digitalisierungshürde lässt sich Meister(n)*,
https://doi.org/10.1007/978-3-662-60367-3_11

täglichen Aufgaben. In (zeit-)kritischen Situationen gilt es jedoch nach wie vor, zwischen Freistilimprovisation, Detailplanung und Systempflege abzuwägen.

Zeitliche Aufwände für die Implementierung digitaler Werkzeuge müssen von der Geschäftsleitung für die Mitarbeiter einkalkuliert werden. Diese dürfen nicht als zusätzliche Belastung zu den bereits bestehenden Aufgaben hinzukommen, sondern gehören in die Tätigkeitsbeschreibung des Meisters. Dies umfasst ebenfalls Lern- und Ausbildungsangebote, denen sich Mitarbeiter und Meister widmen. Die Tendenz zeigt bereits, dass die Häufigkeit von Schulungen in den Betrieben zugenommen hat.

Aus Perspektive der technischen Partner bietet sich eine Fortsetzung der JUMP-4.0-Aktivitäten, z. B. die Weiterentwicklung der Funktionalitäten im JUMP Planner, in weiteren Forschungsprojekten an. Bei ReKoNet [6] bspw. liegt der Fokus in der Ausdehnung des Betrachtungshorizonts auf der gesamten Wertschöpfungskette (für weitere Informationen siehe: http://www.projekt-rekonet.de/).

Dabei sollen, auf Basis der Vorarbeiten in JUMP 4.0, verschiedene Aspekte gänzlich neu betrachtet und schrittweise in das Lösungsspektrum der Planungshilfe für den Meister integriert werden:

- automatische Rollenerkennung und Anzeige der relevanten Daten
- Nutzung von Blockchaintechnologien (IOTA)
- Einbindung von KI-Algorithmen für Bewertungen und Entscheidungsunterstützung
- plattformbasierte Apps
- ganzheitliche Betrachtung von Prozess und Produkt
- proaktive Fehlerverhinderung statt Fehlerentdeckung

Zusammenfassend bedeutet dies, dass sowohl für die anwendenden Unternehmen als auch für die Lösungsanbieter eine Reihe von Stellschrauben existiert, an denen diese ansetzen können, um die weitere Implementierung von Industrie-4.0-Werkzeugen auf dem Hallenboden in KMU voranzutreiben.

11.2 Ausblick aus Perspektive der Forschung

Jan Batzer und Patrick Gering

Die Ergebnisse aus dem JUMP-4.0-Projekt sind ein Beispiel für die Umsetzbarkeit von Industrie-4.0-Lösungen, die auch dem Mittelstand zur Verfügung stehen. In Zukunft müssen KMU die Vorteile einer digitalisierten Produktion zugänglich gemacht werden. Dies ergibt sich auch aus Gesprächen und Diskussionen zwischen Industrie und Wissenschaft, die über Erfahrungen aus dem Projekt hinaus Bedarfe an die Forschung aufdecken.

Ein wichtiger Punkt für KMU ist die Nachverfolgung von Aufträgen und Zustandsüberwachung von Maschinen und Anlagen entlang der kompletten Prozesskette. Für die meisten Unternehmen und vor allem KMU ist eine kontinuierliche Investition in immer aktuellere Maschinen und Anlagen nicht realistisch. In der Forschung ist Retrofitting in diesem Zusammenhang ein wichtiges Thema und wurde bereits aufgegriffen [5]. Die digitale Nachrüstung von bestehenden Produktionsanlagen ist ein Verfahren für die Verfügbarkeit und Nutzung von IoT-Anwendungen. Vorteile eines digitalen Nachrüstprozesses sind, neben der Überwachung des Produktlebenszyklus, die vorausschauende Instandhaltung, die Reduzierung der Wartungskosten, eine bessere Interaktion zwischen Mensch und Maschine und die Steigerung der Anlageneffizienz. Es fehlt jedoch weiterhin an standardisierten Schnittstellen, wie z. B. in der Sensorik.

Im Leistungszentrum Digitale Vernetzung [3] hat sich das Projekt „Industrie 4.0 aus dem Koffer" das Ziel gesetzt, Maschinen und Anlagen zur auftragsindividuellen Einplanung schnell und ad hoc zu vernetzen. Der Koffer ist ein einfach zu installierendes Add-on zu bestehenden Systemen und beeinträchtigt nicht die Produktion des Kunden. Er ermöglicht kurzfristig eine prototypische Implementierung vernetzter Systeme im Sinne von Industrie 4.0. Der Kunde soll auf diese Weise Industrie 4.0 erproben können, seine Aufträge flexibel nachverfolgen können und schnell auf Kundenwünsche reagieren können, dies alles unter der Voraussetzung von minimalen Planungs-, Implementierungs- und Investitionskosten.

Ebenfalls im LZDV [3] entsteht zurzeit der „Digitalisierungsbaukasten". Mithilfe eines Workshopkonzepts werden innerhalb von drei Vor-Ort-Terminen beim Kunden Bedarfe ermittelt, Pilotanlagen digitalisiert und der Nutzen der Erfassung digitaler Daten mithilfe von Datenauswertungen und Mehrwertdiensten aufgezeigt. Die identifizierten Anforderungen an die Digitalisierung einer Pilotanlage werden durch Sensorik, Aktorik, Mehrwertdienste/Analytics und ein Shopfloor Management System sowie eine IoT Edge Cloud abgedeckt, welche in dem Digitalisierungsbaukasten gebündelt sind.

Weiteres Interesse haben KMU hinsichtlich der Vernetzung über Unternehmensgrenzen hinweg. Die Interoperabilität bzgl. Prozessen, Auftrags- und Produktdaten muss hierzu sichergestellt werden, sodass Cloudlösungen, wie z. B. unternehmensübergreifende Kapazitätsbörsen und Fertigungslösungen, möglich werden. Die externe Vernetzung von verschiedenen Unternehmen wurde auch von der Europäischen Kommission als Forschungsthema erkannt und als Programm aufgenommen [2]. Ein Austausch von Unternehmen untereinander ermöglicht bspw. auch Herstellern, digitale Prototypen ihrer Produkte zur Verfügung zu stellen bzw. die Entwicklung neuer Prototypen zu unterstützen. Nutzer und Anwender dieser Geräte wird es hingegen ermöglicht, die Fähigkeiten der Maschinen digital zu simulieren und schnell die Konformität des Produkts mit bestehenden Normen, Vorschriften, Sicherheitsanforderungen und kundenspezifischen Anforderungen zu überprüfen.

Die Reduzierung der Nebentätigkeiten von Mitarbeitern (administrative Arbeiten) wird ebenfalls von mittelständischen Unternehmen als relevanter Aspekt im Prozessablauf aufgeführt. In diesem Zusammenhang kann Process-Mining einen wichtigen Beitrag leisten. Durch die Verknüpfung von Geschäftsprozessmanagement und -modellierung mit Data-Mining können automatisch gesammelte Daten nutzbar gemacht werden. Dies ermöglicht, Geschäftsprozesse noch besser zu erfassen und zu optimieren. Auch für KMU können so Vorteile entstehen. Zunächst können durch Prozessoptimierung Prozesskosten eingespart sowie Prozesszeiten verkürzt werden. Dies hat bspw. Einfluss auf die Liefertreue. Durch Fehlerreduzierung in den Prozessen sinkt die notwendige Nacharbeit und Fehlerbeseitigung. Im Zuge dessen kann sich die Produktqualität verbessern [4].

Ein Thema, das noch keine Umsetzung erfahren hat, sind auf KMU zugeschnittene Big-Data-Anwendungen, welche den Anwender ins Zentrum stellen. Derzeitige Lösungen sind dafür nur bedingt geeignet, da für den Einsatz IT-Fachkräfte erforderlich sind, eine Ressource, die in mittelständischen Unternehmen nur selten vorhanden ist. Aber auch diese Unternehmen sind daran interessiert, bspw. ihre Daten einfach auszuwerten und nutzungsgerecht bereitzustellen. Weiteres Interesse ist aus Sicht der KMU auch bei anderen Themen vorhanden.

Neben der Flexibilisierung der Fertigung durch Digitalisierung ist ein weiteres Thema in der Forschung die Transformation zu einer dynamischen Organisation, das schon folgerichtig vom Bundesministerium für Bildung und Forschung adressiert wird [1]. KMU sollen auftragsindividuelle, innovative Geschäftsmodelle innerhalb kurzer Zeit erstellen und in einer dynamischen Ablauf- und Aufbauorganisation umsetzen können. Auf diese Weise können strategische Elemente wie Zielkunden, die Kundenprozesse, die eigenen Geschäftsprozesse, Produkte und Dienstleistungen, Vertriebskanäle, die Form der Leistungserstellung, die Logistik, das Erlösmodell und vor allem die Führung konkret abgebildet werden.

In Verbindung mit der vierten industriellen Revolution stehen aber natürlich noch ganz andere Fragen im Raum. Welche Langzeiteffekte sind durch eine Integration von Industrie-4.0-Komponenten zu erwarten und was bedeutet es für ein Unternehmen und dessen Mitarbeiter, wenn man digitalisiert? Des Weiteren muss geklärt werden, wie man mit älteren Menschen umgeht. Hier spielen sowohl Faktoren wie Berührungsängste mit digitalen Technologien oder fehlende Qualifikationen hinein, aber auch Verweigerung vor Veränderungen am Arbeitsplatz sowie Angst vor Arbeitsplatzverlusten. Zudem müssen wiederkehrende Arbeiten vermeiden werden, nicht nur bei den älteren Kollegen. Aber auch die Sicherung von Kompetenzen im Unternehmen sowie die bessere Nutzung der Mitarbeiterexpertise sind ein Thema.

Literatur

1. BMBF (2014) Innovationen für die Produktion, Dienstleistung und Arbeit von morgen. BMBF, Bonn
2. Europäische Kommission (2017) A digital ‚plug and produce‘ online equipment platform for manufacturing. ID: DT-NMBP-20-2018. Europäische Kommission. https://ec.europa.eu/info/funding-tenders/opportunities/portal/screen/opportunities/topic-details/dt-nmbp-20-2018. Zuletzt aktualisiert am 21.06.2019, zuletzt geprüft am 24.06.2019
3. LZDV (2019) Leistungszentrum Digitale Vernetzung LZDV. Profil. Leistungszentrum Digitale Vernetzung (LZDV). Berlin. https://www.digitale-vernetzung.org/de/profil.html. Zuletzt aktualisiert am 09.06.2019, zuletzt geprüft am 24.06.2019

4. Peters R, Nauroth M (2019) Process-Mining. Geschäftsprozesse: smart, schnell und einfach. Wiesbaden: Springer Gabler (essentials). http://www.springer.com/
5. PI-Informatik GmbH (2016) RetroNet. PI-Informatik GmbH. https://www.retronet.info/. Zuletzt geprüft am 24.06.2019
6. Stamer F, Silbernagel R, Lanza G (Bundesministerium für Bildung und Forschung, Hrsg.) (2018) ReKoNeT. Datenbasierte Regelung kollaborativer Wertschöpfungsnetzwerke mittels geschützter Transparenz, Karlsruher Institut für Technologie. http://www.projekt-rekonet.de/. Zugegriffen: 6. Juni 2019

Stichwortverzeichnis

T. Knothe et al. (Hrsg.), *Die Digitalisierungshürde lässt sich Meister(n)*,
https://doi.org/10.1007/978-3-662-60367-3

MIX
Papier aus verantwortungsvollen Quellen
Paper from responsible sources
FSC® C105338

If you have any concerns about our products,
you can contact us on
ProductSafety@springernature.com

In case Publisher is established outside the EU,
the EU authorized representative is:
Springer Nature Customer Service Center GmbH
Europaplatz 3, 69115 Heidelberg, Germany

Printed by Libri Plureos GmbH
in Hamburg, Germany